버리지 않고 떠나기

직장인이 즐기는 현실적인 세계여행

글 · 사진 김희영

어문학사

프/롤/로/그

처음 여행을 떠나고 싶다고 느꼈을 때 머릿속에 가장 먼저 떠오른 것은 초등학교 시절 우리 집 거실 한 면에 붙어 있던 세계 지도였다. 해운업을 하셨던 아버지가 붙이신 것인데, 누렇게 빛이 바래도록 오랫동안 한 자리를 차지했다. 무심히 지도를 들여다보며 '언젠가는 세계 여러 나라를 여행 다닐 수 있겠지' 하는 생각을 종종 하곤 했다.

누구나 지난날을 돌이켜보면 인생의 마디가 있을 것이다. 특히나 20대에서 30대를 거치는 동안 겪게 되는 입학과 졸업, 취업, 결혼과 출산은 인생의 큰 변곡점이 되기도 한다. 지금은 과거가 되어 아무렇지 않게 말할 수 있지만, 그 사이사이 나는 유난히 상실의 아픔을 많이 겪었다. 아버지의 임종을 지켜보아야 했고, 어머니와 오빠를 수술실과 중환자실로 보내 문 앞을 지키기도 했으며, 나에게 찾아온 아기천사를 다시 하늘로 보내야 했다.

때론 내 어깨를 짓누르며 버겁게 느껴졌던 여러 일을 이겨낼 수 있었던 것은 '여행'이라는 힐링 아이템이 있었기 때문이다. 박주일 시인은 「마디라는 것은」 시에서 인생의 흔적마다 마디가 있다고 말한다.

시인의 마디가 집이라면 나에게 마디는 여행이다.

한때 여행자로서의 삶을 꿈꾸며 동경했지만, 나는 숲 속의 두 갈래 길에서 하나의 길을 선택했다. 그것은 바로 내게 주어진 모든 것을 내려놓거나 현실을 버리지 않고 떠나는 것이었다. 언젠가 또 다른 선택의 갈림길에 서겠지만, 지금 행복하므로 그때 선택에 대해 후회나 미련은 없다.

여행 도중 길 위에서 스치듯 만났지만, 나에게 용기를 북돋아 주었던 인연들에게 이 자리를 빌려 감사의 인사를 전하고 싶다.

2014년 봄이 다가오는 3월의 어느 날,

김희영

Trip 1.

처음 그것은 설렘 **캐나다**

Trip 2.

일탈보다 낯선 일상 **이스라엘, 독일**

Trip 3.

아버지의 흔적 **베트남**

Welcome Thailand

CONTENTS

CONTENTS

Travel
Trip 8.
Trip 9.

love in Germany

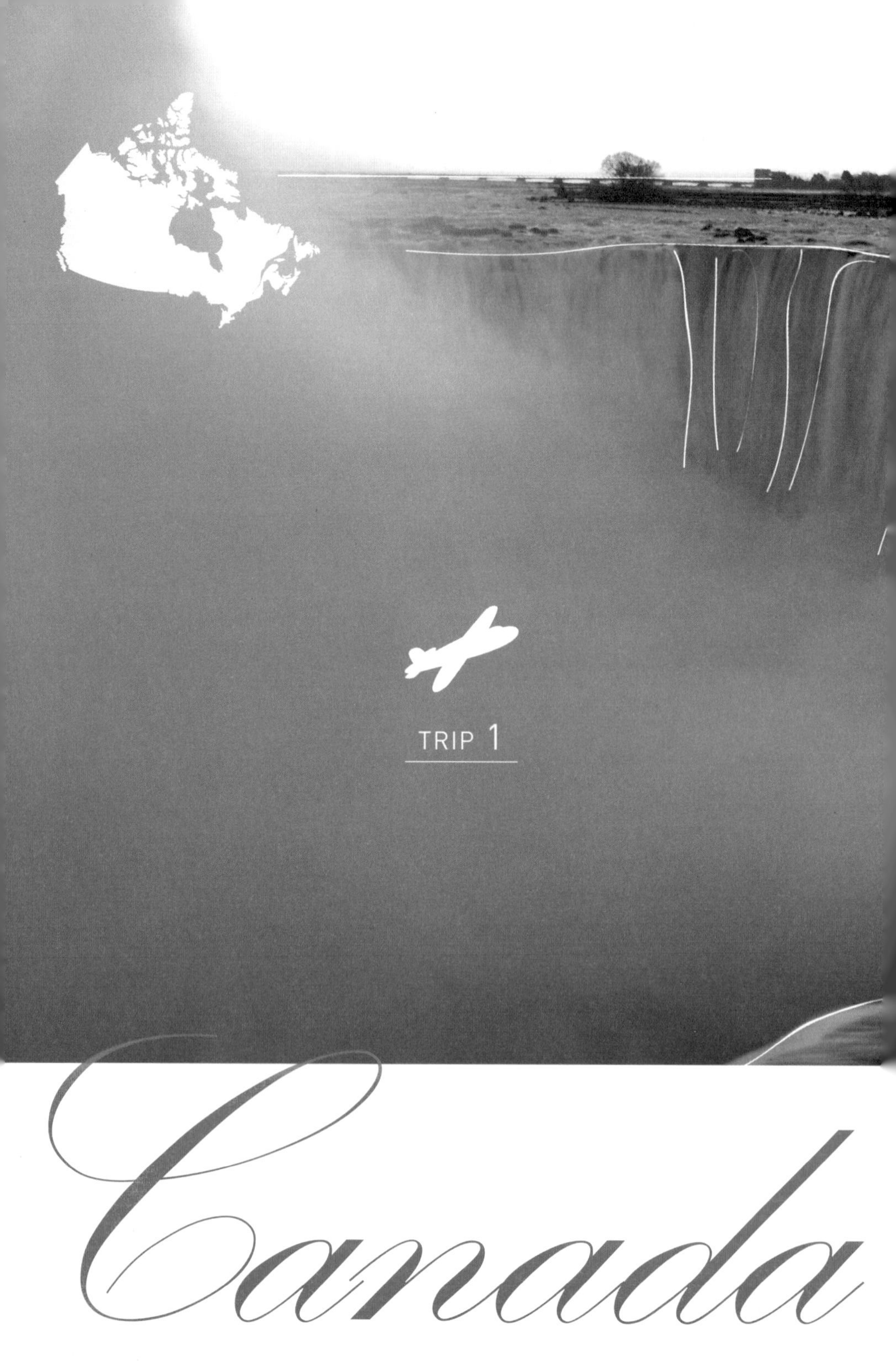
TRIP 1
Canada

처음 그것은 설렘
/캐나다

01 나를 위한 첫여행

"엄마, 나 이번 여름방학 때 캐나다 배낭여행 가고 싶어요. 허락해 주세요."

엄마한테 허락을 구하는 형태였지만, 사실 일방적인 통보나 다를 바 없었다. 구매한 항공권과 캐나다에서 한 달 동안 무제한 사용할 수 있는 버스 티켓을 같이 내밀면서 말씀을 드렸기 때문이다.

"지난 1년 동안 모은 돈으로 티켓도 이미 샀어요. 등록금은 학자금 대출을 받을 생각이에요. 대학 졸업할 때까지 남은 2년 동안은 내가 하고 싶은 대로 학교생활 할 수 있게끔 그때까지 버텨주세요. 나중에 취직해서 다 갚을게요."

2000년부터 대학생들의 해외여행, 어학연수가 본격적으로 시작되었고 주변에 가까운 친구, 선후배들도 한둘씩 해외에 나가기 시작했다. 2학기 개강 첫날은 누가 어디에 갔다 왔다더라 하는 이야기가 주요

화젯거리였다. 친구들의 여행 이야기를 들으면 가슴이 설레었고 나도 떠나고 싶다는 생각이 들었다. 잠깐이나마 집을 벗어나고 싶은 마음 역시 해외여행을 꿈꾸게 했다.

대학교 3학년 때 아버지께서 갑자기 돌아가시자 나는 휴학을 하고 돈을 벌어야겠다고 결심했다. 아직 소녀 같은 엄마와 원체 공부에 관심이 없어서 자격증 하나 따지 않고 대학을 졸업해서 이 일 저 일 계속 직업을 바꾸는 오빠를 보니 마음이 편치 않았던 것이다. 남은 학업을 제대로 마치려면 '나 역시 가장'이라는 생각으로 마음을 단단히 먹어야 했다.

그 당시는 닷컴 열풍으로 교수님들이 벤처를 설립하던 시기여서 어렵지 않게 사내 벤처에 입사할 수 있었다. 2학년까지 학점을 이수하였기에 전문대학 졸업 학력으로 인정되어 일 년 동안 신입사원 수준의 급여를 받으면서 일을 했다. 월급의 절반은 생활비로 보탰고 용돈을 뺀 난 나머지는 저금을 했다.

일 년 후 나는 3학년으로 복학을 했고, 사내 벤처에서는 아르바이트생으로 일을 계속했다. 나는 직장인에서 학생으로 돌아왔지만 한 번 생활비를 보태기 시작하자 나의 대학 생활은 2년 만에 끝난 것 같았다. 나에게 의지하는 가족들이 부담스러웠고, 점점 나만을 위한 시간을 원했다. 졸업하기 전 잠깐이나마 집을 떠날 기회가 없을까 생각했더니 방학 기간을 이용한 워킹홀리데이와 해외 배낭여행이 떠올랐다.

처음에는 돈도 벌 수 있고 여행과 영어공부까지 할 수 있는 미국 워킹홀리데이를 준비했는데, 그 당시 미국 비자 받는 것이 무척이나 까다로웠다. 재산 상태를 증명할 수 있는 서류를 제출하거나 연대 보증

인 2명을 내세워야 했다. 그래서 내 마음은 점차 해외여행을 떠나는 것으로 기울게 되었다.

나에게는 한 달 동안 배낭여행을 떠날 수 있을 만큼 저축한 돈이 있었다. 엄마는 겉으로 내색은 안 하셨지만 그 돈을 학비로 쓰기 바라셨다. 엄마의 희망대로 한다면 나 역시 걱정 없이 학교에 다닐 수 있겠지만, 해외여행에 대해 아쉬움과 후회가 계속 남을 것 같았다. 저축한 돈으로 한 달 동안 여행을 한다면 우물 안 개구리에서 벗어나 넓은 시야를 가질 수 있으며 시간이 흘러도 오랫동안 행복한 기억이 될 것 같았다. 돈 걱정 없이 마음 편한 학교생활과 행복한 한 달 중에서 어느 쪽을 선택하는 것이 후회가 없을까, 생각했을 때 내 마음은 후자로 기울었다. 여행을 떠나는 것으로 마음을 굳히고 등록금은 학자금 대출을 받아 졸업 후에 갚기로 했다.

어느 것을 선택할지 고민할 동안에는 사회생활을 시작하기 전부터 빚이 있다는 것이 마음에 걸렸다. 하지만 결심을 하고 나자 오히려 사소한 걱정들이 사라졌다. 학자금 대출은 취업 후 다 갚을 수 있으리라는 자신감도 생겨났다.

여름방학 때 여행을 떠나기로 하자 어느 나라에 누구와 함께 갈 것인가 하는 행복한 고민이 시작되었다. 마침 같은 학과 친구인 미진과 장희가 캐나다 전국 일주 여행을 할 예정이라는 것을 알게 되었다. 미진은 캐나다 밴쿠버에서 어학연수 중이었고, 장희는 미국 워싱턴 D.C에서 계절학기 프로그램을 수강할 예정인데, 수업이 끝난 후 미진과 만나서 여행한다는 것이다.

'캐나다 전국 일주'

캐나다는 미국처럼 비자 문제가 까다롭지 않고, 유럽에 비해 환율도 저렴한 것이 큰 장점이었다. 나는 당장 두 친구에게 함께 여행하자고 제안했고, 두 친구도 흔쾌히 받아들였다.

막상 친구들과 여행 계획을 짜기 시작하자 동선이 아주 복잡했다. 미진이 있는 밴쿠버는 북미 대륙의 서부, 장희가 있는 워싱턴 D.C는 동부에 있어서 친구들과 만나기 위해서는 누군가 한 명은 반대쪽 끝으로 움직여야 했다. 동부에서 서부는 버스로 이동하면 무려 72시간이 걸리는 거리였다! 꼬박 3일 동안 버스를 탄다는 것을 상상할 수 없었지만, 국내선 항공권까지 구매하기에는 금전적인 부담이 너무 컸다. 다행인 건 우린, 시간이 많았다. 결국, 캐나다, 미국에서 사용할 수 있는 한 달 무제한 탑승 그레이하운드 버스 티켓을 구매하여 버스로 이동하기로 했다.

내가 어느 도시로 입, 출국하는지에 따라서 누가 72시간 동안 버스를 탈 것인지 결정되었다. 밴쿠버를 입출국 도시로 선택했을 때 항공권 가격이 가장 저렴했다. 밴쿠버를 여행의 시작점과 종착점으로 선택하자 최종 여행 경로는 다음과 같이 정리되었다.

❶ 내가 밴쿠버로 이동하여 미진을 만난다.
❷ 미진과 나는 72시간 동안 버스를 타고 동부에 있는 토론토로 이동한다.
❸ 장희는 미진과 내가 도착할 시간에 맞추어서 워싱턴 D.C에서 토론토로 이동한다.
❹ 토론토에서 만난 우리는 다시 밴쿠버로 되돌아가는 방향으로 여행을 시작한다.
❺ 여행이 끝나면 장희와 나는 밴쿠버에서 비행기를 타고 한국으로 돌아온다.

여행은 준비하는 것에서부터 이미 시작된다고 한다. 여행 동선을 짜고 항공권, 버스 티켓까지 구매하자 내 마음은 이미 캐나다에 있었다. 이제 극복해야 할 산은 엄마의 허락을 받는 것이었다.

나는 학창 시절 큰 말썽을 피우거나 고집을 부린 적이 없었고 집을 일주일 이상 떠난 적도 없었기에 이번 여행은 내 인생 최초의 반항이자 가출처럼 느껴졌다. 엄마한테 나의 여행 계획을 말하는 순간은 대학 입시 면접만큼 떨렸다.

"7월 말부터 8월 말까지 한 달간 배낭여행할 예정이고 대학 친구 미진, 장희와 같이 갈 거예요. 영어만 사용하니까 가을에는 토익 점수도 올릴 자신 있어요."

이미 170만 원 상당의 국제선 항공권과 버스 티켓을 구매했고, 환불할 경우 금전적인 손해가 컸기 때문에 엄마가 반대하셔도 떠날 생각이었다. 하지만 스스로 준비해서 출발하는 여행인 만큼 떳떳하게 다녀오고 싶었다.

앞 뒤 두서없이 횡설수설 얘기해서 엄마가 뭐라고 하셨는지 정확히 기억이 나지 않지만, 나의 여행 계획에 반대하지는 않으셨다. 허락을 받은 이후 나는 이제 당당하게 여행 준비를 할 수 있었다. 예전에는 가족들 몰래 여행준비를 하느라 집에서는 인터넷 검색도 제대로 하지 못했지만, 이제는 여행 관련 책자를 보란 듯이 펼쳐 놓았다.

그 날 이후 나는 세계 지도를 사서 방 벽면에 걸어두었다. 아침에 일어나서 처음으로 하는 일 그리고 자기 전 마지막으로 하는 일이 지도에서 캐나다의 주요 도시 위치와 이름을 확인하는 것이었다. 내 마음은 이미 캐나다에 있었다.

02 나도 몰랐던 나

출발 직전 서희 언니가 합류하면서 여행 일행은 총 4명이 되었다. 예정대로 나와 서희 언니는 밴쿠버로 이동하여 미진을 만났고, 장희를 만나기 위해 다음 날 바로 토론토로 향했다.

그 당시는 해외 로밍이 지원되지 않아서 장희와 직접 연락할 방법이 없었다. 그저 출발하기 전에 우리의 토론토 도착 예정 날짜와 시간을 알리고, 온종일 버스 디포Depot[1]에서 기다리겠다는 내용의 이메일을 보내는 방법밖에 없었다. 디포에서 만나지 못하면 미리 예약한 호스텔로 각자 찾아가고, 호스텔에서도 만나지 못하면 시간과 장소를 다시 정하여 한국에 계시는 장희 부모님께 메시지를 남기기로 했다.

나름 완벽하게 계획을 짰지만, 혼자 미국에서 캐나다로 국경을 넘어오는 장희가 길을 잃고 헤매지 않을까 걱정했다. 게다가 밴쿠버와 토론토는 3시간의 시차가 발생하는데 그것을 감안하여 약속 시각을 정한 것인지도 염려스러웠다. 하지만 토론토 버스 디포에 도착하여 버스에서 내리자마자 첫눈에 장희를 발견할 수 있었다. 장희 역시 우리가 도착하기 직전에 버스에서 내려 10분도 채 기다리지 않았다고 했다. 쉽게 서로를 발견하여 그동안의 걱정이 무색할 정도였다. 머나먼 이국땅에서 친구를 만나자 그 반가움은 더욱 컸다. 하지만 토론토가 잠재된 나의 성깔이 드러나는 곳임을 입때까지만 해도 전혀 몰랐다. 나는 성격이 유순하고 온화하며 나의 주장을 내세우기보다 다른 사람의 의견을 존중하고 배려하는 사람으로 알고 있었다. 학창시절 친구들이 써준 롤링페이퍼와 담임 선생님의 평가가 내 성격인 줄 알았던 것이다. 하지만 여행을 하면서 예전에 경험하지 못했던 예측 불가능한 상황이 계속 이어지자 나도 몰랐던 성깔이 나타나기 시작했다.

성격, 성질, 성깔의 사전적 의미는 다음과 같다.

- 성격: 개인이 가지고 있는 고유의 성질이나 품성
- 성질: 사람이 지닌 마음의 본바탕
  예) 성질내다, 성질부리다와 같이 분노나 불만 따위를 이기지 못하고 몹시 화를 내다
- 성깔: 거친 성질을 부리는 버릇이나 태도, 또는 그 성질

내 나름대로 구분하자면 항상 겉으로 드러나 누구나 쉽게 인지할 수 있는 성향이 성격이고, 평소에는 잠재되어 있다가 경계를 벗어나는 상황에서 드러나는 것이 성질, 극한 상황이 되었을 때 속 깊은 곳에서부터 올라오는 본성이 성깔이라고 생각한다. 그래서 성질은 짜증, 투덜거림으로 나타나고, 성깔은 흔히 말하는 '버럭', '욱'으로 나타난다.

나는 평소에 계획을 세우고 계획 따라 움직이는 것을 좋아했다. 예

상치 못한 상황이 발생하여 계획이 틀어지면 혼자 스트레스를 받았는데, 이를 겉으로 드러내지도 않고 속으로 삭이는 스타일이었다. 한국에서는 스트레스를 받아도 그 자리를 피해 집으로 갈 수 있었고, 하룻밤이 지나면 자연스럽게 잊히기도 했다. 하지만 여행지에서는 달랐다. 아무리 친한 친구라도 24시간을 늘 함께 생활하자 정말 사소한 것까지 다툼으로 번졌다.

우리의 계획은 토론토에서 나이아가라 폭포를 감상한 후 야간 버스를 타고 몬트리올로 이동하는 것이었다. 하지만 한 사람의 늦잠으로 체크아웃이 늦어졌고, 나이아가라 셔틀버스를 놓쳐 30분을 기다려야 했다. 아침부터 조금씩 뒤로 밀리던 일과는 급기야 야간 버스를 놓치게 했다. 우린, 결국 몬트리올에 가지 못했다. 다른 친구들은 융통성 있게 다음 일정을 세웠지만, 나는 여행이 원래 계획했던 대로 진행되지 않자 혼자 스트레스를 받기 시작했다.

한 달 동안 여행을 하자 먹는 걸로 싸우는 지경까지 갔다. 나는 맛있는 음식을 먹는 것보다 허기지지 않도록 하루 세끼를 제때 먹는 것이 중요했지만, 장희는 끼니를 거르더라도 한 번 먹을 때만큼은 맛있는 음식을 먹고 싶어 했다. 그래서 장을 보러 마트에 갈 때면 종종 의견 충돌이 있었다. 하루는 과일을 사러 갔는데, 나는 4명이 골고루 나눠 먹을 수 있고 가방에도 넣어 다닐 수 있는 오렌지를 살 예정이었다. 하지만 장희는 본인이 좋아하는 과일인 수박을 사자고 하는 것이 아닌가. 나는 수박을 다 먹지도 못하고 버리게 될 것이니 오렌지를 사자고 말했지만, 장희는 오렌지 가격이 비싸니 딱 한 개만 사라고 했다. 한참 동안 옥신각신했지만, 누구도 양보하지 않았고, 결국 아무도 원하지 않았던 바나나가 당첨됐다. 이 유치한 싸움에 대한 앙금이 남아 장희와 나는 하루 동안 서로 말도 붙이지 않았다.

끼니때마다 잼 바른 식빵이나 햄버거를 먹었기 때문에, 다들 한식을 그리워했다. 친구들은 '김치찌개 먹고 싶다', '엄마가 해주는 밥이 먹고 싶다'는 말로 먹는 것에 대한 스트레스를 풀었다. 나는 불가능한 것은 생각조차 하지 않는데, 친구들의 그 말을 계속 들어야 하니 내게는 심한 스트레스로 다가왔다.

미진과 장희는 때때로 성질을 부렸으나 시간이 지나면 금방 풀어졌다. 나는 좀처럼 성질을 내지 않았지만 스트레스를 혼자 마음속에 담아두다가 어느 순간 뻥 하고 터져 '성깔'을 내곤 했다. 성깔이 나오면 듣는 사람이 서운할 수도 있는 말을 자주 내뱉었다.

"먹기 싫으면 먹지 마."

"낮에는 우리 따로 다니고 저녁때 숙소에서 만나자."

"이쯤에서 헤어져서 따로 여행하자."

미진과 장희는 여행을 떠나기 전부터 몇 년 동안 알아온 친구였지만, 각자의 성향에 대해서는 잘 몰랐다. 나도 나의 '욱'하는 성깔에 대해서 잘 몰랐으니, 타인의 성향 파악이란 결코 쉽지 않았던 것이다.

돌이켜보면 우리의 여행 자체가 스트레스를 유발하는 상황이었다. 장희를 만났을 때, 나머지 세 명은 3일 동안 버스에서 쪼그려 자고, 제대로 씻지도 못해 피로가 쌓여 있는 상태였다. 신용카드 없이 한 달을 정해진 금액으로 살아야 했기 때문에 돈을 아껴 써야 한다는 강박관념이 강했고, 비용을 쉽게 줄일 수 있는 항목이 식비였던 탓에 먹는 문제로 예민해질 수밖에 없었다.

그래도 큰 싸움 없이 한 달을 함께 지낼 수 있었던 것은 놀 때는 신나게 놀았기 때문이다. 나이아가라 폭포에서 '메이드 오브 미스트' 유람선을 탔을 때 폭포 물살에 흠뻑 젖으면서도 깔깔 웃으면서 즐거워했다. 마차를 타든, 케이블카를 타든, 유명 관광지에서의 액티비티는 친구와 함께하여 그 즐거움이 두 배, 네 배가 되었다.

배낭여행을 다녀왔던 다른 친구들 이야기를 들어봐도 비슷한 문제로 많이 싸웠다고 했다. 맥도널드에서 감자튀김을 같이 먹는데 내가 한 개 먹을 동안 친구가 두 개씩 먹었기 때문에, 기차를 탔는데 내가 앉은 창가 자리의 햇빛이 강해서 눈이 부신데도 복도 측에 앉은 친구가 자리를 바꿔주지 않았기 때문에 싸웠다고 했다. 돌이켜보면 사소하고 유치하여 웃음이 나오지만, 생존과 직결된 상황이 되면 누구라도 예민해질 수밖에 없는 것 같다.

>>> 성질·성격·성깔을 알게 해준 네 사람. 나이아가라 폭포에서 유람선 '메이드 오브 미스트'를 타기 전 – 폭포에 젖기 때문에 우비를 나누어준다.

여행으로 나의 소소한 성향을 알게 되어 꽤 유용한 일이 많았는데, 특히 언제 스트레스를 받는지 그 상황을 알게 된 것이 큰 도움이 되었다. 사전에 그러한 상황이 되지 않도록 예방하여 '성깔' 내는 횟수와 빈도를 줄일 수 있었기 때문이다.

여행을 통해 받게 된 가장 큰 선물을 하나 꼽으라면 나도 잘 몰랐던 '나 자신에 대한 발견'이 아닐까.

1 버스 디포(Depot): 버스 터미널(캐나다에서는 '디포'라는 말을 더 많이 씀).

03 『빨간 머리 앤』의 결말

"주근깨 빼빼 마른 빨간 머리 앤
예쁘지는 않지만 사랑스러워"

이십 년이 훨씬 지난 지금도 어린 시절 TV에서 방영했던 만화 주제가를 따라 부를 수 있을 정도로 나는 「빨간 머리 앤」을 좋아했다. 당시 또래 여자아이들 사이에서 「들장미 소녀 캔디」와 「빨간 머리 앤」, 「베르사유의 장미」는 인기 절정의 만화였다.

친구 중에는 「베르사유의 장미」를 좋아한 나머지 프랑스어 전공으로 진로를 선택하거나 베르사유 궁전을 직접 보기 위해 프랑스로 여행을 떠난 친구도 있었다. 그만큼 만화의 영향은 컸다. 우리가 샬럿타운으로 가게 된 것도 여행을 준비하면서 일본 애니메이션으로만 알고 있었던 「빨간 머리 앤」이 캐나다 여류 작가 루시 모드 몽고메리의 원작을 바탕으로 제작되었으며, 그 배경이 샬럿타운Charlottetown이라는 것을 알게 되었기 때문이다.

샬럿타운에 도착하여 버스에서 내리자마자 여느 도시와는 다르게 많은 사람이 몰려왔다. 자신이 운영하는 'B&B[1]'로 고객을 유치하기 위해 호객 행위를 하는 것이었다. 우리는 다들 무거운 가방을 메고 있어서 숙소를 잡아 빨리 짐을 내려놓고 싶었다. 호객 행위를 하는 사람 중 가장 인상이 좋아 보이는 할아버지를 선택했다. 눈썹까지 하얗게 센 분이어서 안쓰러운 마음이 들었고 우리를 속일 것 같지 않다는 믿음이 들었기 때문이다. 그 할아버지는 체크아웃 이후 버스 디포로 데려다 준다는 조건과 4명이 한 방을 쓰면 숙박비를 할인해 주겠다고 제안하셨고, 조건이 마음에 들었던 우리는 흔쾌히 따라가 이틀 치 숙박비를 지불했다.

하지만 우리에게 배정된 방을 둘러보자마자 실망하고 말았다. 낮인데도 햇빛이 들지 않는 어두침침한 반 지하방이었던 것이다. '방 상태를 먼저 확인해보고 숙박비를 지불할 걸…….' 하지만 숙박비를 환불받고 또 다른 숙소를 알아볼 엄두가 나지 않아 그냥 머물기로 했다.

가방을 내려놓고 빨간 머리 앤이 살았던 초록 지붕 집, '그린 게이블스Green Gables'로 향했다. 그린 게이블스는 나에게 다락방에 대한 환상을 심겨준 최초의 집이었는데, 어렸을 적 나만의 방이 따로 없었던 탓에 다락방 창가에서 편지를 쓰거나 일기를 쓰는 앤의 모습이 무척 인상적으로 다가왔던 것이다.

빨간 머리 앤이 오랫동안 기

억에 남는 이유가 무엇인지 생각해 보았다. 앤은 남자아이를 바랐던 매튜와 마릴라에게 보내진 데다가 예쁘거나 상냥하지도 않아 처음에는 환영받지 못한 존재였다. 하지만 매튜, 마릴라가 앤을 입양하기로 결심하고 그린 게이블스에서 함께 살면서 앤은 점점 괜찮은 아이로 변해갔다. 다이애나와 단짝 친구가 되어 매일 함께 학교에 다니면서 시시콜콜 대화를 나누고 평생을 함께하기로 우정을 맹세할 때는 그런 친구가 있다는 것이 부러웠다. 열심히 공부하여 우등생이 되었고 어릴 때 홍당무라고 놀림을 받았지만, 점차 예쁜 숙녀로 자라는 모습은 마치 미운 오리 새끼가 백조로 커가는 과정을 지켜보는 것 같았다. 나는 앤을 보면서 '나도 저렇게 될 수 있을 거야' 하고 희망을 품었다.

그린 게이블스 안으로 들어가자 벽난로 앞의 흔들의자와 재봉틀이 보였는데, 의자에 앉아서 담배를 피웠던 매튜와 항상 바느질하던 마릴라가 떠올랐다. 다락방으로 올라가면 앤이 도자기 주전자의 물을 따라서 세수를 하던 세면대가 놓여 있으며, 방문에는 앤이 입고 싶어 했던 퍼프소매 드레스까지 걸려 있었다. 헛간에는 소젖을 짜던 장면 그대로를 재연한 실물 크기의 소 모형도 있었다. 작은 소품 하나까지 만화와 똑같아 만화가 원래 장소를 충실히 표현한 것인지, 만화를 보고 이 장소를 재현한 것인지 구별이 안 될 정도였다.

그린 게이블스에서 나와 '연인의 길'과 '빛나는 호수'를 따라 산책을 했다. 나뭇가지 사이로 비치는 햇살과 싱싱한 초록빛의 잎들은 앤의 통통 튀는 발랄함과도 닮아 있었다. 거칠고 삭막한 황야에서 살던 에밀리 브론테는 그의 소설 『폭풍의 언덕』에서 격정적이고 애증으로 가득한 주인공을 만들어냈듯이, 햇살 가득한 숲길을 매일 산책하던 몽

고메리는 앤과 같이 사랑스럽고 감수성과 상상력이 풍부한 캐릭터를 탄생시킨 것이다. 산책길에 서서 만화의 장면처럼 벚꽃이 떨어질 때 마차를 타고 이 길을 지나간다고 상상하자, 앤이 입버릇처럼 말했던 것처럼 나 또한 "정말 낭만적이다"는 감탄사가 절로 나왔다.

저녁에는 「빨간 머리 앤」 뮤지컬을 보았다. 비록 한글 자막이 없고 영어로 대사하지만 줄거리를 알고 있기에 뮤지컬 관람에 큰 어려움은 없었다. 오히려 배역에 잘 어울리는 배우가 캐스팅되었는지, 연기를 잘하는지, 만화 주제가보다 노래가 좋은지 비교하는 것이 새로운 재미였다. 샬럿타운에서의 첫날은 이렇게 온종일 앤에 푹 빠져 시간을 보냈다.

이튿날은 캐번디시Cavendish를 방문했다. 캐번디시는 몽고메리 작가의 생가가 있는 곳이기도 하지만, B&B 주인 할아버지가 물놀이하기에 좋다고 추천을 해 주셔서 가게 되었다.

바닷가에 도착해서 보니 우리를 제외한 대부분 관광객은 할아버지, 할머니였다. 또한, 내나수 할머니들은 비키니를 입었고, 수영복 위에 반바지와 티셔츠를 덧입은 사람은 나와 친구들뿐이었다. 처음에는 쭈뼛쭈뼛 주변 눈치를 살폈지만, 얼마 안 가서 수영복 위에 걸친 옷을 훌훌 벗어 던진 후 바닷속으로 들어갔다.

바다는 모래사장에서 한참 먼 곳까지 걸어 들어가도 바닥이 깊지 않았고 자갈도 없어서 물놀이하기에 최적의 조건을 갖춘 곳이었다. 수영을 못하던 친구들도 할아버지, 할머니와 함께 어울려 파도타기를 하며 신 나게 놀았다.

물놀이를 마친 후 모래사장에 누워 쉬면서 주변 경치를 감상하다가 사람들을 관찰하기 시작했다. 그중에서 유난히 눈에 띄는 노부부 한 쌍이 있었다. 할머니는 비키니 수영복에 귀걸이와 목걸이, 립스틱도 잊지 않으신 멋쟁이셨다. 내 주변 할머니 중 수영복을 입거나 곱게 화장한 모습을 보기가 쉽지 않아 그 모습이 낯설었지만, 곧 주름진 피부와 비키니가 어색하지 않고 자연스러워 보였다. 할아버지는 타월로 할머니 등을 닦고 발에 묻은 모래도 털어주시고는 자리를 정리한 후 주차장으로 걸어가는데 두 분은 손을 놓지 않았다.

내가 아는 할머니들을 떠올려 보았을 때, 그들이 나와 같은 여자라고 생각해본 적은 한 번도 없었다. 나이가 오십을 넘기면 대부분 여자도 남자도 아닌 '제 3의 성'으로, 자의 반 타의 반 여자이기를 포기하는 것이 오히려 자연스럽다고 생각한 것이다. 하지만 바닷가에서 보았던 그 할머니처럼 나도 나이가 들어도 여자이고 싶고, 다정한 부부 관계를 유지하면서 낭만적으로 살고 싶다는 생각이 들었다.

샬럿타운에서 이틀을 지낸 후 다른 도시로 떠나기 직전 기념품 가게에서 『빨간 머리 앤』 책 한 권을 사서 마지막 장을 펼쳐 보았다. 만화로 볼 때 이해할 수 없었던 장면이 있었는데 지금 다시 보면 그 느낌이 어떨지 궁금해서였다.

앤은 대학에 진학할 예정이었지만, 매튜의 갑작스러운 죽음과 그로 인해 몸과 마음이 부쩍 약해진 마릴라를 위해 진학을 포기하고 그린 게이블스에 남아 교사가 되기로 결심한다. 예전에는 앤이 주변의 상황 때문에 자신의 꿈을 포기한 것으로 생각해서 마냥 안타까웠는데, 이제는 앤이 현실을 담담하게 받아들이는 것에 공감하였다. 지금의 작은 고난은 나를 불행하게 하거나 내 의지를 결코 꺾을 수 없다는 마음의 확신이 있었기 때문이 아닐까?

앤의 마지막 대사는 나를 여기까지 오게 한 지난 결정의 순간과 지금 내 마음을 그대로 표현한 것 같아 더욱 마음에 와 닿았다.

God's in his heaven, All's right with the world![2]

하나님은 하늘에 계시고, 세상은 평안하도다!

1 B&B: Bed and Breakfast의 약자로 아침 식사까지 제공하는 숙소.

2 God's in his heaven, All's right with the world!: 로버트 브라우닝의 시 피파의 노래 일부.

04 공대 여자 vs 인문대 남자

야간 버스를 타고 이동했던 어느 날이었다. 버스는 휴게소에서 잠시 정차했고, 밤새 쪼그려 자느라 불편했던 어깨와 다리를 풀기 위해 스트레칭을 하고 있는데 누가 말을 걸었다.

"저기, 한국분이시죠?"

낯선 남자였다. 그는 머리 색깔과 등에 메고 있던 가방을 보고 나를 한국인으로 짐작했다고 말했다. 그 당시 유행했던 스카치 염색과 가방 브랜드는 일본인, 중국인과 한국인을 구별할 수 있는 큰 특징이었다.

"혹시 로키산맥 가세요? 저는 형이랑 여행 중인데, 차를 렌트해서 움직이려고 하거든요. 밴프, 재스퍼에 가신다면 같이 가실래요?"

이것이 말로만 듣던 헌팅인 것인가. 한국에 있을 때는 혼자 해운대 바닷가를 몇 번이나 거닐어도 누구 한 명 말을 붙이는 사람이 없었는데 캐나다에서는 화장은커녕 세수조차 하지 않았는데 이런 일이 일어나다니…….

'역시 여행을 하니까 새로운 경험도 하게 되는구나.'

여행안내 책자는 로키산맥을 여행할 때 단체 투어보다 차를 렌트해서 개별 여행할 것을 추천했다. 나와 친구들은 모두 국제운전면허증조차 없었고, 남자들에게 먼저 접근해서 같이 여행할 것을 제안하는 것도 결코 쉬운 일이 아니었다. 계획 없이 막막한 상태였는데, 먼저 다가와 주다니 우리로서는 고마운 일이었기에 기꺼이 그 제안을 받아들였다.

두 명의 남자들은 나보다 각각 두세 살 많은 오빠였고, 국경선을 따라 미국을 여행한 뒤 며칠 전 캐나다로 건너왔다고 했다. 그들이 먼저 서울의 모 대학에서 국문학을 전공한다고 소개를 하자, 우리도 자연스럽게 고향이 부산이며 컴퓨터공학을 전공한다고 말했다. 서울 남자와 부산 여자, 인문대 남자와 공대 여자. 남녀가 바뀌었다면 오히려 더 잘 어울렸을 법한 조합 아닌가! 이렇게 고등학교 문학 선생님 이후 소개팅에서조차 만나보지 못한 국문과 남자들과의 로키산맥 여행이 시작되었다.

그 날부터 미니밴을 렌트했고, 밤마다 지도와 책을 보면서 다음 날 여행코스를 함께 짰다. 아무래도 운전하는 사람이 지도를 더 열심히 보고 동선을 고려하기 때문에 자연스럽게 오빠들이 일정을 짜게 되었다. 하지만 우리가 가려고 했던 코스를 빼놓지 않아 불만 없이 따를 수 있었고, 그에 대한 보답으로 점심 도시락을 쌀 때 오빠들 몫까지 준비하였다.

나와 친구들은 이과 출신답게 자연을 바라봐도 산맥과 호수가 생성된 원리에 관심이 많았다. 산 전망대, 폭포와 호수 앞에 있는 표지판 설명을 열심히 읽으면서 모르는 단어는 전자사전에서 찾아보았고 자신이 이해한 내용이 맞는지 친구들과 토론했다. 지구 과학 시간에 배웠던 기억을 떠올려 지각이 습곡작용을 받아 단층을 따라 융기하였다거나 침식 작용으로 준평원이 되었다는 내용이 나오면 상하좌우 힘의 방향을 유추해 보기도 했다.

하지만 오빠들은 자연을 바라보는 시선이 우리와 달랐다. 원리에 대해서는 관심이 없었고, 산이나 호수를 그저 하염없이 바라만 보다가 돌아서곤 했다. 말없이 혼자 감상한 후 아주 가끔 자신의 느낌을 말할 때가 있었는데, 국문과 출신답게 상상력도 풍부하고 그 표현도 시적이었다.

보 밸리Bow Valley를 갔을 때, 계곡에 빠질 듯 오랫동안 쳐다보던 한 오빠가 천천히 입을 열어 이름의 유래에 대해 이야기를 해 주었다.

"왜 보 밸리라고 이름이 붙여졌을까요. 원주민들이 살던 곳에 영국과 프랑스가 침략했고, 무기든 숫자든 열세인 원주민들은 깊은 산속까지 도망칠 수밖에 없었겠죠. 이 계곡을 요새 삼아 적들에게 화살을 쏘아서 끝까지 방어하느라 보 밸리라고 이름이 붙었을 것 같아요."

슬픈 역사까지 담은 그럴듯한 해석이었다. 오빠들은 자연뿐 아니라 마차를 끄는 말을 보아도 그냥 지나치지 않았다.

"저렇게 말의 눈을 가려서 제대로 보지도 못하게 만들고, 입에는 또 재갈을 물리고……, 사람이 시키는 대로 움직이게 하잖아요. 그러고 보면 인간은 참 잔인한 거 같아요. 언젠가 외계인이 지구에 와서 인간들의 눈을 가리고 마차를 끌게 한다면……, 생각만 해도 끔찍하죠."

내 주변 사람은 모두 공대 출신이었고 그런 말을 하는 사람은 처음 만났기 때문에 어떻게 반응해야 할지 난감했다. 아무리 생각해도 우리가 해줄 수 있는 말은 그저 "네, 그렇겠네요"의 추임새밖에 없었다. 그들과의 대화는 계속 이어지지 않았고, 자연스럽게 나와 친구들끼리만 수다를 떨었다.

감수성이 풍부해서 적응이 필요했던 부분을 제외하면 오빠들 덕분에 여행은 편하고 즐거웠다. 내비게이션이 없었던 시절인데도 오빠들은 미국에서 자동차 여행을 이미 해봐서인지 지도를 보고 목적지를 잘 찾아갔다. 길을 잃거나 되돌아오는 일은 한 번도 없었다. 무거운 짐도 척척 들어주고 도로를 지나가는 엘크의 사진을 찍기 위해 차를 세워달라고 하면 언제든지 세워주었다.

남자로서의 매력을 느낄 때쯤 오빠들은 반전의 모습을 보여주었다. 로키산맥에서의 여행은 호수, 계곡에서 래프팅과 보트, 카누, 카약 타기 등 액티비티가 많았다. 우리가 이것저것 다양한 배 종류를 탈 동안 오빠 중 한 명은 끝까지 짐만 지키고 있어서 이유를 물어볼 수밖에 없었다.

"엄마가 사주를 보시고 올해는 물을 조심해야 한다고 했어요. 저는 그냥 여기서 사진 찍어 드릴게요."

항상 구명조끼를 입으며 호수 깊은 곳까지 들어가지 않음에도 불구하고 그는 물 근처는 위험하다고 끝까지 버텼다. 대신 우리가 카약을 타는 동안 호수를 물끄러미 바라보다가 우리가 돌아오면 자신의 감상을 말해주었다.

"여기 호수 색깔, 정말 아름답죠. 진흙이 쌓여서 에메랄드색을 낸다는데 과연 자연적으로 이런 색이 나올까요? 외계인이 와서 사람들 몰래 물감을 풀어놓은 건 아닐까요?"

내가 정말 단순한 걸까, 너무도 감성적인 오빠들이, 때론 피곤했다. 두 명 모두 마른 체격이었는데, 아무래도 생각이 많아서 살이 안 찌는 것이 아닐까?

로키에서의 마지막 밤, 우리는 함께 맥주를 마시며 지난 일주일 여행을 마무리하면서 오빠들에게 그동안의 감사를 표현했다. 나와 친구들은 미니밴 뒷자리에서 편안하게 수다를 떨다가 졸리면 잠을 잘 수 있었지만, 오빠들은 하루에 대여섯 시간 넘게 운전을 하느라 무척 피곤했을 것 같아서였다. 다행히 그 오빠들도 우리 덕분에 렌트 비용도 많이 아꼈고 대화가 끊이질 않아서 즐거웠다는 이야기를 했다.

거기까지만 말하고 끝났으면 좋은 기억으로 남았을 텐데 오빠 한 명이 조금 전 마트에서 장희와 내가 작은 다툼을 벌였던 일에 대하여 말을 꺼내기 시작했다.

"그런데 친구가 그렇게까지 오렌지가 먹고 싶다고 하면 살 수도 있잖아요. 그것을 보고 느꼈죠. 사람이란 다 다르구나, 추구하는 것도 다르고 좋아하는 것도 다르고……."

그렇지 않아도 마트에서 장희와 옥신각신하는 모습을 보여서 신경이 쓰였는데, 그 말을 꺼내다니……. 순간 얼굴이 화끈해질 만큼 부끄럽다는 생각이 들면서 그들에 대한 감사의 마음은 순식간에 사라졌다. 비록 말은 안했지만, 우리가 그들을 너무 감성적이고 예민하다고 생각했던 것처럼, 그들은 우리를 감정이 메마르고 대화도 통하지 않고 말 많은 시끄러운 여자라고 생각했을지도 모르겠다.

다음 날 아침 우리는 서로 이메일 주소를 교환하고, 각자 다음 일정에 따라 헤어졌다. 서로가 너무나 달랐던 우리는 한국으로 돌아와서 사진을 교환하기 위해 이메일을 한 번 보낸 후, 그 이후로 한 번도 연락하지 않았다.

05 로키 호수가 하늘을 품다

나와 친구들은 여행의 하이라이트는 로키산맥이라고 생각하여 출발하기 전부터 로키에서 머무르는 동안 시간과 비용을 아끼지 않기로 계획을 세웠다. 캐나다 하면 떠오르는 이미지가 바로 빨간 단풍잎이듯 캐나다에서의 진정한 여행은 도시의 박물관과 성당을 보는 것이 아닌 자연을 느끼고 즐기는 것으로 생각했기 때문이다. 그래서 다른 도시를 구경할 때처럼 하루 이틀 머무르다 버스로 이동하는 것이 아니라 로키 여행의 주요 거점인 밴프Banff와 재스퍼Jasper를 중심으로 일주일의 시간을 보내기로 마음먹었다. 예상치 못하게 낯선 남자들과 동행하였지만, 처음 계획한 일정에는 큰 변함이 없었다.

버스가 밴프 버스 디포에 가까이 다가갈 때 창밖으로 보았던 로키의 첫 느낌은 녹색 삼각형 그 자체였다. 초등학교 시절 크레파스로 산을 그린 것과 똑같은 모습이었는데, 흙이 보이지 않을 만큼 침엽수로 빽빽한 산자락은 마치 꽃꽂이할 때 사용하는 침봉처럼 보이기도 했다.

로키에서 산을 오를 때의 느낌은 평소 등산할 때와는 사뭇 달랐다. 로키의 산은 물이 흐르는 계곡이나 개울이 없고 땅이 바싹 말라 있었다. 하이킹 코스를 따라 걸으면 흙먼지가 풀풀 일어서 신발이 항상 먼지로 뒤덮일 정도였다.

또 다른 점은 생각했던 것만큼 공기가 맑고 상쾌하다는 느낌을 받을 수 없다는 것이었다. 겉에서 숲을 보면 피톤치드가 가득할 것 같고, 산소로 가슴까지 뻥 뚫릴 것 같지만, 막상 숲 속으로 들어가 숨을 쉬자 평상시와의 차이점이 느껴지지 않아 아쉽기도 했다.

산 정상에서 내려다보는 산세도 남달랐다. 우리나라의 산등성이가 완만하게 부드러운 곡선으로 여성적인 느낌이라면 로키는 하늘을 향해 뾰족하게 솟아오른 모습이 씩씩한 남성, 또는 한창 자라나는 아이와 같았다. 해발고도 3,000m 이상의 높이에서 느릿하게 움직이는 구름 그림자를 보는 것 또한 새로운 즐거움이었다.

로키에는 400여 개가 넘는 호수가 있지만, 물의 색깔과 모양이 달라 호수마다 각각의 특징이 있었다. 금방이라도 유키 구라모토의 피아노 선율이 흘러나올 것 같은 루이즈호Lake Louise는 퇴적된 진흙의 영향으로 호숫물의 색이 신비한 에메랄드빛을 띠어 그 아름다움을 더했다. 모레인 호수Moraine Lake는 계곡에서 물이 계속 흘러들어와서 깨끗하게 유지된다는데, 산이 호수에 그대로 비칠 정도로 거울처럼 맑고 투명했다. 페이토 호수Payto Lake는 한쪽 끝이 별 모양이어서 별똥별이 떨어진 자리에 호수가 만들어진 것 같았다. 그 독특한 모양과 바라보는 각도에 따라 달라지는 호수의 색깔로 관광객이 많이 몰렸다.

호수를 즐기는 또 다른 방법은 카누, 카약, 로 보트rowboat 등 다양

>>> 로키 호수에서 로보트(row boat) 타기

한 종류의 배를 타는 것인데, 캐나다에서 대중적인 스포츠인지 자동차에 개인 카약을 싣고 다니는 사람도 쉽게 볼 수 있었다. 특히나 카약에 강아지까지 태우고 한가로이 노를 젓는 모습, 보트에 비스듬히 누워 책을 읽는 모습은 마치 한 폭의 그림을 보는 것과도 같았다.

학창 시절 나의 체육 점수는 항상 '미'였다. 특히 고등학교 때는 남들이 예체능으로 점수를 올리는 동안 나는 체육 때문에 평균 점수가 깎였다. 안타까워하신 담임선생님이 나에게 밤마다 30분씩이라도 줄넘기 연습을 해 보라고 하실 정도였다. 체육 교과 과정 3년 내내 줄넘기, 농구, 배구, 체력장으로 순서까지 똑같았지만, 나의 체육 점수도 3년 내내 똑같았다. 그래서 내 머릿속에는 항상 '나는 체육을 못해. 할 수 있는 운동은 없어. 스포츠란 재미없는 것이야'라는 생각이 박혀 있었다.

며칠 동안 계속 호수 주변을 산책하고 사진을 찍기만 하자 약간 심심하게 느껴졌다. 내가 비록 체육에는 문외한이지만, 한 번쯤 카야킹에 도전해보고 싶었다. '할머니, 할아버지들도 카약을 타시는데 나라고 못할까'라는 생각이 들었고 대여 비용도 저렴해서 시도하기에 부담이 없었다.

피라미드 호수에서 구명조끼를 입고 설명을 들은 대로 카약에 앉아서 노를 저어 보았다. 큰 힘 들이지 않았는데도 카약은 순식간에 미끄러지듯이 앞으로 나아가는 것이었다. 다른 친구들은 그 자리에서 맴도는데 나는 속도가 빨라 다른 친구들을 기다려야 할 정도였다. 노 젓는 것을 잠시 멈추고 주변을 둘러보자 산에 둘러싸인 호수가 더욱 남다르게 다가왔다. 먼 곳에서 바라보는 것이 그림을 보는 것과 같다면 호수에서 카약을 타는 것은 내가 그림으로 들어가 풍경화 속 인물이 된 것 같았다.

카약을 타 본 이후로 나는 로 보트와 래프팅도 망설임 없이 시도했고 두 가지 모두 재미를 느꼈다. 체육 시간에 카약을 배웠더라면 '미'는 받지 않았을 텐데 한국의 획일적인 커리큘럼이 아쉬웠다. 하지만 스스로 움츠러들게 했던 '난 체육을 못해서 잘하는 운동도, 좋아하는 운동도 없는' 사람에서 벗어날 수 있었다. 내가 즐길 수 있는 스포츠를 발견한 것 역시 여행의 큰 수확이었다.

>>> 로키 호수에서 카약 타기

로키에서 가장 큰 재미는 야생동물들이 눈앞에서 지나가는 것을 쉽게 볼 수 있다는 것이다. 밴프에서 재스퍼로 이동할 때는 로키산맥을 관통하는 고속도로인 아이스필드 파크웨이Icefield Parkway를 타게 되는데 도로 중간에 차가 서 있다면 그것은 동물들이 길을 건널 때까지 기다리는 것이었다. 차 한 대가 멈추면 뒤따라오던 차들도 자연스럽게 차의 시동을 끄고 동물의 움직임을 관찰한다.

이때까지는 동물원 우리 안에 있거나 놀이공원에서 조련을 잘 받은 동물들만 보았는데, 예상치 못한 상황에서 실제로 내 옆을 지나가는 동물을 보는 것은 박제되지 않은 살아있는 생명을 느낄 수 있는 기회였다.

사슴은 까만 눈망울을 굴리며 미니밴의 운전석과 보조석 앞까지 다가왔고, 멋들어지게 큰 뿔을 가진 엘크 역시 숲 속에서 한가롭게 풀을 뜯고 있었다. 동물이 보이면 누구나 숨을 죽이며 눈으로만 동물들을 쫓으면서 조용히 카메라로 사진을 찍었다. 마음 같아서는 차에서 내려서 먹이를 직접 주거나 털을 한번 쓰다듬고 싶었지만 문 여는 소리에 놀라서 도망갈까 봐 꾹 참았다. 또한, 도로 곳곳에 있는 표지판에 야생 동물에게 먹이를 주지 말 것, 경적을 울리는 등의 동물을 놀라게 하는 행동을 하지 말 것 등 주의 사항이 쓰여 있어 그것을 지킬 수밖에 없었다.

아이스필드 파크웨이를 가는 도중에 있는 콜롬비아 아이스필드Columbia Icefield는 극지방을 제외하고 빙하를 체험할 수 있는 전 세계에서 몇 안 되는 곳 중 하나였다. 빙하 체험은 얼음과 눈 위를 달릴 수 있도록 특수 제작된 스노코치Snowcoach를 타고 빙원의 중앙에 도착한 후 빙하 위를 걸어보고 손으로 만져보기도 하는 것이었다. 금방 녹은 빙하수는 그야말로 지구상에서 가장 맑은 물로 생각되어 한 모금 마셔보았는데 시원한 물이 식도를 타고 내려가자 온몸에 소름이 쫙

>>> 아이스필드 파크웨이를 지나면 쉽게 만날 수 있는 야생동물들

돋았다. 욕심 많은 사람은 페트병에 빙하수를 담아가기도 했다.

우리는 가벼운 여름 옷차림이었지만 장갑, 목도리, 파카 등으로 단단히 무장한 사람도 많았다. 처음에는 바람이 불지 않아 춥지 않은 듯했지만 곧 주변에서 냉기가 몰려와서 가방에서 옷과 담요를 꺼내 둘러야 했다. 벌벌 떨면서도 금방 차 안으로 들어가지 못했는데 지구 온난화가 시작되면 이곳의 빙하도 녹아내려 더 이상 볼 수 없을 것만 같아서였다.

로키에서 머무르는 시간이 길어질수록 머릿결과 피부가 눈에 띌 만큼 부드러워졌다. 나뿐만 아니라 친구들도 뾰루지가 없어지고 피부가 맑아져서 로키의 물을 한국까지 담아가고 싶어 할 정도였다. 역시 깨끗한 공기와 물을 따라갈 만한 좋은 화장품은 없다는 것을 다시 한번 실감했던 일주일이었다.

06 훈훈한 버스 안에서

조카에게 읽어줄 동화책을 고르다가 우연히 오르다 작은 철학자 시리즈 중 『농부에게 필요한 땅의 크기』라는 동화를 보게 되었다. 가난한 농부가 죽을 위기에 있던 왕자의 목숨을 구해주었는데, 왕은 농부에게 보상으로 땅을 주겠다고 약속한다. 땅의 넓이는 농부가 아침부터 해가 질 때까지 걸어간 만큼 가질 수 있어서 농부는 다음 날 해가 뜨자마자 달리기 시작한다. 많이 걸어온 만큼 욕심도 점점 커져서 세상에서 제일가는 땅 부자가 되겠다는 마음에 몸이 지쳐도 걸음을 멈추지 않는다. 결국, 농부는 쓰러져 죽고 말았고, 오직 무덤만큼의 땅만 가지게 되었다는 이야기이다.

비록 어린이를 위한 동화이지만, 이 동화를 보았을 때 마치 내 이야기 같아서 마음 한구석이 뜨끔했다. 좀 더 멀리, 좀 더 많은 도시와 관광지에 가겠다는 생각으로 캐나다 전국 일주를 했지만, 기억에 남는 장소가 두세 곳이라면 욕심부리다 실속을 못 챙긴 농부와 다를 바 없다는 생각이 들었다. 이번 여행을 교훈 삼아 앞으로는 전국 일주의 욕심을 버리고 한 곳이라도 진득하게 시간을 보내는 여행을 하겠다고 마음먹었다.

총 33일의 여행 중 10일은 숙박을 하지 않았는데, 그 기간은 야간 버스에서 밤을 보낸 시간이었다. 오랜 시간을 버스에서 보낸 만큼 버스에서 일어난 에피소드도 많았다.

그레이하운드 버스는 장거리 운행에 적합하도록 설계되어 고속버스보다 크고 화장실까지 갖춰져 있었다. 좌석은 창측, 내측으로 고속버스와 같지만, 특히 화장실 앞좌석은 3인석으로 다른 자리보다 넓었다. 여행안내 책자에서도 그 좌석을 확보하라고 조언했지만, 모든 사람이 그 자리를 노렸기에 내 차지가 되기는 쉽지 않았다. 딱 한 번 야간 버스를 타던 어느 날, 정말 운 좋게 그 자리를 차지했고 다리를 쭉 뻗고 누울 수 있어 편안한 잠을 잤다.

버스는 장거리로 운행하기 때문에 휴게소에서 정차하면 30~40분의 휴식시간이 주어졌다. 그 시간을 이용해서 패스트푸드점에서 식사를 하기도 했지만, 화장실에서 세수하거나 손수건과 양말을 빨기도 했다. 특히 밤새 버스를 탄 경우에는 세면대에서 머리를 감고 핸드 드라이어로 머리카락을 말린 적도 있었다. 그 당시에도 조금 부끄럽다는 생각을 했으나 나뿐만 아니라 다른 나라에서 온 배낭여행객들도 그렇게 많이 했기 때문에 아무렇지 않은 척 씻었다.

우리는 비행기에서 나눠주는 담요를 미리 챙겨 와서 베개와 이불

용도로 사용했다. 가방 위에 담요를 얹어 베개처럼 사용했지만, 버스의 덜컹거림과 진동이 그대로 전해져서 아침이 되면 목과 어깨가 항상 뻐근했다. 시간이 지나면서 외국인 여행객은 담요 대신 가방에 들어가지도 않는 큼직한 베개를 항상 팔에 끼고 다닌다는 것이 눈에 띄었다. 그 모습이 꼭 만화 「찰리 브라운」에서 담요를 끌고 다니는 캐릭터인 라이너스같이 보여 우습기도 하고 귀엽기도 했다. 가방에 넣을 수도 없고 들고 다니기 불편한 베개를 왜 챙길까, 궁금했는데 야간 버스를 탈 때 베개의 진가가 드러났다. 그들은 푹신한 베개 덕분에 팔걸이나 유리창에 머리를 기대어도 편안해 보였다. 우리에게 큰 도움을 주지 못한 담요는 돌아가는 비행기 안에서 다시 반납했다.

하루는 눈도 제대로 못 뜨는 아기를 안은 커플이 버스에 올랐다. 아기가 너무 어려 보여 몇 살이냐고 물어보았더니 이제 태어난 지 보름이 되었다고 했다. 아기용품 하나 없이 아기를 안고 그 아래 큰 베개를 받치고 있었다. 아기가 칭얼거리면 엄마의 새끼손가락을 입안에 넣어 공갈 젖꼭지처럼 빨게 했다. 우리나라 같으면 출산한 지 삼십 일이 되기 전까지 집 밖에 나가기는커녕 손님도 못 오게 하는데, 그 핏덩이를 안고 7시간이 넘는 버스를 타다니 역시 체질 자체가 다르다고 인정할 수밖에 없었다.

그레이하운드를 이용해서 이사하는 가족도 있었다. 6명의 대가족이었는데, 아빠가 로만칼라 셔츠와 검은색 재킷을 입고 있는 것으로 보아 목사 가족인 듯했다. 어른부터 아이까지 모두 큰 가방을 들고 있었는데 가방의 크기와 개수를 보면 정말 살림살이를 통째로 옮기는 것 같았다. 운전기사가 곤란하다는 표정을 지었지만, 버스를 타지 못하도록 말리지는 않았다. 결국, 그 짐을 다 싣느라 출발 시각이 지체되었지만, 누구 하나 불평하는 사람은 없었다.

휠체어를 탄 장애인 역시 그레이하운드를 이용했다. 운전기사는 장애인이 버스를 타고 내리는 것뿐만 아니라 화장실 가는 것도 도와주었다. 줄을 서서 기다리는 사람이 있어도 장애인이 우선순위였고, 다른 사람들도 당연하다는 듯 양보하고 기다렸다. 장애인 역시 조금도 미안해하지 않고 당당하게 자신을 배려해 줄 것을 요구했다. 우리나라에서 과연 대중교통을 이용하는 장애인이 있는지, 우리는 사회적 약자가 먼저 배려받아야 한다는 의식이 있는지 생각나게 하는 장면이었다.

문득 초등학교 때 같은 반이었던 남자아이가 생각났다. 소아마비를 앓고 있어서 휠체어를 타고 학교에 다녔는데, 학교에 엘리베이터가 없어서 고학년이 될수록 등교하는 것이 어려워졌다. 남자 담임선생님과 반 친구들이 업거나 부축하여 4층에 있는 교실까지 올 수 있었고, 화장실 문제까지 해결해 주었다. 그렇게 주변 도움으로 초등학교는 졸업할 수 있었으나, 인근 중학교에서는 입학을 거부했다. 한 학생을 위해서 여러 선생님과 학생들이 배려해 줄 수 없다는 것이 그 이유였다. 단지 다리에 힘이 없어서 걷지 못하는 것뿐인데 입학을 거절당했다는 것은 지능이 떨어져 정상인과 같이 생활하기 힘든 장애인 취급을 당한 것과 똑같다는 생각에 마음이 아팠다. 나는 여중, 여고로 진학하여 더 이상 그 아이의 소식을 들을 수가 없었지만, 가끔 휠체어를 타고 다니는 사람을 보면 그 아이가 생각났다. 캐나다에서 태어났다면 몸 일부만 불편했을 뿐 정상적인 생활을 할 수 있었을 텐데, 그저 안타까울 뿐이었다.

내 옆자리에 새로운 사람이 타게 되면 보통 하는 인사가 어디까지 가는지, 거기에 가는 목적이 무엇인지 묻는 것이었고 그 이후 자연스럽게 이런저런 이야기를 하였다. 짧으면 4시간, 길면 10시간이 넘도록 동석을 하기 때문에 대화를 안 하는 것이 오히려 더 불편했다.

또 한 번은 민머리의 남자가 내 옆자리에 탔는데 스스로 자신은 약혼자도 있고 여자 친구도 있는데 아들을 만나러 가는 길이라고 말했다. 내가 보기엔 사생활이 꽤 복잡해 보이는 친구였다. 8시간 동안 버스를 같이 탔는데, 휴게소에서 쉬는 동안 꽃을 꺾어서 주더니 친구를 먼저 보내고 오늘 밤을 자기와 함께 보내자고 제안하는 것이었다. 그때 마침 나는 사촌 언니가 대학 입학 선물로 준 반지를 끼고 있어서 그 반지를 보여주며 나도 약혼자가 있어서 안 된다고 거절했다. 그는 끝까지 오늘 일을 후회할 것이라며 버스에서 내렸다.

나와 같이 버스를 탔던 대부분 사람들은 먼 곳에 살아서 오랫동안 만나지 못한 형제나 친척을 만나러 가는 길이라고 했다. 내가 72시간 동안 연달아 버스를 타고 밴쿠버에서 토론토까지 이동했다고 말을 하면 다들 깜짝 놀랐다. 그러면서 자신은 캐나다 반대편에는 한 번도 가본 적이 없다며 나보고 용감하고 대단하다며 칭찬을 해주었다. 하지만 내 귀에는 왠지 무모하다는 의미도 포함된 것처럼 들렸다.

그레이하운드 버스를 이용하는 사람들은 나 같은 배낭여행객을 포함하여 금전적으로 여유롭지 못한 사람들이 대부분이었다. 버스에서 만난 사람들 누구나 돈이 있으면 비행기를 탔을 것이라고 말을 했지만, 그것에 대해 불만을 표시하거나 투덜거리는 사람은 없었으며 모두 친절하고 따뜻했다. 음식을 먹을 때면 옆자리에 앉은 승객에게 권하는 인정도 있었고, 누군가 먼저 내리게 되면 즐거운 여행이 되었으면 한다는 인사도 잊지 않았다. 운전기사가 영화 비디오를 틀어주면 손뼉을 치면서 환호하는 모습은 어린아이처럼 순수해 보였다.

여행 이후 미국 영화나 드라마에서 그레이하운드를 쉽게 발견할 수 있었는데, 범죄를 저지르고 난 후 또는 감옥을 탈옥해서 도망칠 때 많이 이용하는 교통수단으로 묘사되는 것도 눈에 띄었다. 나는 버스 안에서 도난 사고 한 번 당하지 않아 원래 버스가 위험한 것인지 영화에서 과장되게 묘사한 것인지는 아직도 미스터리로 남아 있지만, 나에게 그레이하운드는 훈훈한 기억을 싣고 달리는 시골버스와도 같았다.

Israel

일탈보다 낯선 **일상**
/이스라엘, 독일

01 그림의 떡, 지중해

"샬롬Shalom."

"마니쉬마Ma Ni Shima."

"사바바Sababa."

이 세 문장은 내가 또렷하게 알아듣는 히브리어로, 영어로 하면 "Hello.", "How are you?", "Great!"라고 할 수 있다. 매일 아침 똑같은 말을 대여섯 번 이상 듣게 되자 자연스럽게 그 의미를 알게 되었다. 나는 지금 이스라엘의 수도 텔아비브Tel Aviv에 와 있다.

이스라엘이라는 국가는 회사 입장에서 보았을 때 시장의 크기가 작아 실적이 좋은 나라는 아니지만 첫 해외 수출국으로서 의미가 있는 시장이었다. 우리 팀에서 이스라엘 프로젝트를 시작하여 나를 포함한 모든 팀원이 프로젝트에 투입되었다.

해외 출장을 가면 다른 여사원들은 장염에 걸려 예정보다 빨리 귀국하거나 출장 이후 시름시름 몸이 아파 고생했지만, 나는 현지 적응도 빨랐고 음식도 가리지 않고 잘 먹어 오히려 몸무게가 불어서 복귀했다. 그런 모습이 상사에게 강한 인상을 남겼는지 나는 여사원 중 유일하게 이스라엘에서 한 달 이상 머무르는 장기 출장을 떠나게 되었다.

뉴스에서 분쟁 지역으로 자주 접했던 이스라엘은 출장지 중에서도 위험 지역으로 분류되는 곳이었다. 하지만 나는 여행지로 한 번도 생각해본 적 없던 새로운 나라에 갈 수 있다는 사실만으로도 기대에 부풀어 있었다.

그 당시 이스라엘 직항 노선이 없었기에 유럽에서 비행기를 갈아타야 했다. 루프트한자 항공을 이용해서 독일까지 11시간 비행, 공항에서 3시간 기다렸다가 다시 3시간 반의 비행을 더 해야 겨우 도착할 수 있었다. 사람들이 지루해할 만큼 긴 비행시간이었지만, 나는 마냥 설레었다.

이스라엘은 이동 거리도 멀지만, 출입국 절차도 꽤 까다로웠다. 출국할 때 검사관이 다리 사이며 가슴까지 직접 손으로 만져서 확인하는 것은 미국과 비슷했다. 하지만 소지품 검사할 때는 가방을 보안 검색대에 통과시킨 후 짐을 열어서 물품마다 특수 용지를 문질러가며 폭탄 소지 여부를 확인하였다. 속옷 가방까지 열어볼 때면 민망하기도 하고 화가 나기도 했다. 짐을 다시 싸야 할 만큼 가방을 다 파헤치기 때문에 심사가 끝나면 급격히 피로해졌다.

입국할 때 회사 이름으로 VIP 입국 신청을 하면 경호원이 안내하여 기다릴 필요 없이 바로 심사를 받을 수 있었다. 질문하는 것도 없이 입국 도장을 받는 것이어서 출국 심사에 비해 비교적 간단했지만, 어디에 도장을 받는지가 중요했다. 여권에 이스라엘의 도장이 찍혀 있으면 향후 다른 아랍 국가의 출입이 거부될 가능성이 있어서 다른 종이를 내밀어 별도로 도장을 찍어달라고 요청해야 했다. 내가 과연 사우디아라비아나 이란, 이라크 같은 중동 국가에 갈 일이 있을까 싶었지만, 회사가 중동으로 수출 시장을 넓히고 있을 시기여서 도장을 받을 땐 신경을 쓸 수밖에 없었다.

공항 안에서는 항상 긴장감이 가득했지만, 밖으로 나오면 지중해성 기후답게 화창하고 맑은 날씨가 나를 반겨주었다. 햇볕은 뜨거웠지만, 공기가 건조하여 그늘에 들어가면 시원하고 땀도 흐르지 않아 숙소에 오기까지의 힘든 여정은 금방 잊었다. 마천루며, 도로에 늘어선 자동차 등 텔아비브의 첫인상은 다른 나라의 대도시들과 다를 바 없이 익숙한 모습이었다.

첫날은 정신없이 보내 알아차리지 못했지만, 이틀째가 되자 이스라엘 사람들의 특징이 눈에 들어왔다. 길거리뿐만 아니라 현지 직원 중에도 손바닥만 한 크기의 천을 정수리에 올리고 다니는 남성들이 많이 보였다. 그것을 항상 쓰고 있는 사람도 있고, 기도할 때나 식사할 때 썼다 벗었다 하는 사람도 있었다. 그것은 랍비와 유대교인들이 쓰는 모자, 키파Kipa라고 하는데 인간의 머리 위에 있어 신의 존재를 상징한다고 했다. 바람이 불거나 고개를 숙여도 키파가 벗겨지지 않는 것이 신기하여 뒷모습을 유심히 보았더니 검은색 실 핀이 보였다. 남자가 거울 앞에서 실 핀으로 키파를 고정하는 모습을 상상하니 웃음이 나왔지만, 그들에게는 신성한 의식일 것이다.

또한, 더운 날씨임에도 소매가 긴 검은색 정장을 입고 턱수염과 구

>>> 랍비

레나룻을 명치까지 닿도록 기른 사람도 가끔 볼 수 있었다. 그들은 일반인과 다른 삶을 사는 것인지 평소 사무실과 숙소 주변에는 좀처럼 없었고 주말이 되어야 볼 수 있었다. 랍비 중에서 몸에 칼을 대지 않는다는 율법을 철저히 시키는 사람들로 면도를 전혀 하지 않거나 수염을 불로 태워서 관리한다고 했다. 종교가 평소 생활, 특히 옷차림까지 깊이 영향을 미치는 것이다.

이스라엘 남성 의상 특징이 키파와 검은 정장이라면 여성의 특징은 군복이었다. 쇼핑몰처럼 사람이 많이 모이는 곳에서는 군복을 입고 소총을 어깨에 메고 있는 여군의 모습을 자주 볼 수 있어 여자들도 병역의 의무가 있음을 금방 실감할 수 있었다. 군인의 총을 실제로 보는 것이 처음이었기에 긴장감이 생기기도 하고, 오히려 여군이 멋있어 보이기도 했다.

내가 출장을 갔던 그 해 10월은 유난히도 연휴가 많았다. 유대력으로 새해인 로쉬 하샤나Rosh Hashanah, 대 속죄일인 욤 키푸르Yom Kippur, 유대인 추수 경축절인 숙콧Succoth, 말씀 축제인 심핫 토라Simhat Torah가 있었고, 각 연휴 전일은 에레브Erev라고 해서 반일 휴무였다.

또한, 매주 금요일, 토요일은 안식일이었다. 이렇게 쉬는 날이 한 달 중 절반 가까이 되자, 그때만큼은 나도 유대교로 개종할까 심각하게 고민도 했었다.

안식일에는 확실하게 일손을 놓아서 호텔 조식도 전날 요리했던 차가운 음식을 내놓았다. 유대교와 관련 없는 다국적 기업인 버거킹과 러시안 마트만 영업을 하고 대부분의 상점이 문을 닫았으며 거리에도 사람이 없어 마치 죽은 도시처럼 조용했다. 안식일이 끝나는 토요일 저녁 6시 이후가 되어야만 상점 문을 열기 시작했고, 그제야 쇼핑몰은 여느 주말처럼 사람들로 붐비고 활기가 넘쳤다.

출장 기간 중 숙소는 가격이 저렴한 오키아누스 레지던스를 주로 이용했다. 회사에서 지원되는 숙박비로 시내 한복판에 있는 유명 호텔을 이용할 수 있었지만, 관례로 레지던스를 선택했다. 이곳은 사무실과는 거리가 멀지만, 주변에 야자수가 심어져 있는 데다가 지중해 바다가 바로 앞에 펼쳐져 있어 주변 환경이 참 좋았다. 바다를 한눈에 바라보며 아침 식사를 할 때는 정말 남부 유럽의 한

리조트에 있는 것 같았다. 아침마다 바닷가를 거닐며 산책할 수 있다는 것 역시 큰 장점이기도 했다.

레지던스에서 가장 큰 방을 예약하면 10명이 한꺼번에 컴퓨터를 사용할 수 있는 넓은 거실과 테이블이 있었다. 출장자에겐 이스라엘의 10월 황금연휴와 상관없이 한국의 스케줄에 맞추어야 했기 때문에 연휴와 주말에는 거실에 모여서 함께 작업을 했다. 거실이 바다 방향으로 향하여 고개만 들어도 바다에서 윈드서핑과 수영을 즐기는 사람들을 볼 수 있었다.

저 푸른 바다와 쾌청한 날씨는 나에게 손짓을 하고 있지만, 내 옆에는 과장님이 떡하고 버티고 계셔서 뛰쳐나갈 수 없었다. 나뿐만 아니라 팀원들 대부분 창밖을 멍하게 바라보고 있거나, 의욕 없이 인터넷 서핑을 할 뿐이었다. 내 생각에는 프로젝트 초기여서 주말에 쉬어도 될 것 같았는데, 급하게 처리할 일도 없이 컴퓨터 앞을 지켜야 한다는 것은 고문에 가까웠다. 저녁 6시 이후가 되어서야 과장님은 사람들을 데리고 쇼핑몰로 가서 아이스크림을 사주셨는데, 그것이 주말의 유일한 즐거움이었다.

지금도 이스라엘을 떠올리면 햇빛을 받아 반짝거렸던 지중해 바다가 떠오른다. 한 번쯤 바다에서 수영을 해볼 만도 했는데, 그저 바라보기만 했던 것은 지금까지 아쉬움으로 남는다.

02 A급 여사원

이스라엘에서 업무 외에도 해결해야 할 문제가 있었는데 그것은 바로 '저녁 식사'였다. 아침은 레지던스의 식당을, 점심은 현지 사무실의 사내 식당을 이용했지만 저녁은 알아서 해결해야 했다. 사무실과 숙소 인근에는 레스토랑이 없었기 때문에 처음에는 쇼핑몰이나 시내로 나가서 저녁을 사 먹었지만 시간이 지날수록 저녁 외식이 시간적, 금전적 부담으로 다가왔다.

그 이후 버거킹을 이용했는데 일주일이 넘도록 햄버거만 먹자 영화 「슈퍼 사이즈 미」의 주인공이 상상이 되면서 건강이 점차 나빠지는 것 같았다. 나뿐만 아니라 다른 출장자들도 햄버거를 계속 먹는 것에 불만을 가지기 시작했고, 차라리 직접 요리하는 것이 낫다고 생각하기에 이르렀다.

레지던스에는 부엌이 갖춰져 있어 식재료만 있으면 취사에 어려움이 없었다. 한두 명씩 저녁을 직접 요리해서 먹기 시작하자 점차 퇴근 후 요리를 당연한 것으로 받아들였다. 출국 전에 마트에서 쌀과 부식재료를 사는 것과 면세점에서 김치를 사는 것 역시 출장 준비에 포함될 정도였다.

첫 번째 출장은 식사 준비에 무리가 없었다. 고등학교 때부터 자취하신 과장님 지시에 따라 역할을 나누어서 일사불란하게 움직였기 때문에 엠티를 온 것처럼 재밌기도 했다. 사람이 많아서 나의 역할은 과장님을 돕거나 식탁 정리를 하는 것뿐이었다.

시간이 지나면서 함께 출장을 나왔던 사람들은 한국으로 돌아갔고, 새로운 사람들이 출장을 나오기 시작했다. 어느 순간 열 명의 출장자 중 내가 유일한 여자이면서 이스라엘에서 가장 오래 체류한 사람이 되자 사람들은 나에게 식사에 대해 물어보기 시작했다.

"오늘 저녁 메뉴는 뭐예요?"

이때부터 나는 아홉 명의 생존을 책임져야 한다는 막중한 부담감과 책임감을 느끼기 시작했고 업무보다 저녁 반찬으로 무엇을 요리할 것인지가 더 큰 고민거리가 되었다. 한국에서 준비해 온 식재료가 떨어지자 걱정이 더 커졌는데, 특히 김치가 없다는 것은 심각한 문제였다.

김치란 김치찌개며, 김치 볶음밥, 돼지고기 김치 볶음 등 다양한 반찬으로 요리할 수 있는 만능 재료이자 출장자에게 한국의 향수를 달래줄 수 있는 소울 푸드Soul Food였기 때문에 다른 메뉴를 빨리 찾아내야 했다. 다행히 가까운 곳에 러시안 마트가 있어서 채소와 고기를 쉽게 살 수 있었고, 레시피를 검색해 이것저것 만들어보기 시작했다.

어느새 나는 요리사로서 주방의 중심이 되었다. 그 당시 나는 회사 기숙사에 살고 있어서 음식을 만들 기회가 없었고 요리도 아주 서툴

렀기 때문에 처음 만들어 보는 음식은 젓가락이 몇 번 가지 않아 버리는 경우가 많았다. 하지만 매일 요리에 대해서 연구하고 다양한 방법으로 시도하자 먹을 만한 반찬 가짓수가 늘어나기 시작했다. 굴 소스 채소 볶음, 감자조림, 된장찌개, 닭볶음탕은 맛있다는 평을 받았고, 먹고 싶은 메뉴를 말하면 그 음식을 비슷하게 만들어 낼 수 있는 수준까지 이르렀다. 나의 메신저는 점점 언제 장을 보러 가는지, 무슨 요리를 할 것인지를 의논하는 용도로 사용하였다.

하루는 메신저를 통해 채팅하던 중 누군가 삼겹살을 먹고 싶다고 했다. 러시안 마트에서 돼지고기를 살 수는 있었지만, 기계가 없어서인지 삼겹살처럼 고기를 얇게 썰어주지는 않았다. 하는 수 없이 스테이크와 같은 덩어리 고기를 사서 프라이팬에 구웠다가 익은 부위를 썰어낸 후 다시 굽기를 반복하였다. 두꺼운 고기를 익히는 데 요리시간이 오래 걸렸고, 그 날 식사와 설거지를 끝냈을 때는 저녁 9시를 훌쩍 넘기고 말았다.

가끔 요리하면 재미있지만, 매일 10인분의 식사를 준비하는 것이 점차 스트레스로 다가왔다. 나에게도 주어진 업무가 있고, 그 일을 처리하기 위해서 출장을 나온 것인데 식사 준비에 더 많이 신경을 써야 하자 '동료들이 나를 식모로 생각하는 건가?' 하는 생각에 짜증이 솟구칠 때도 있었다. 하지만 나 역시 저녁은 먹어야 했다. 갓 입사한 남자 사원은 출퇴근 운전기사 노릇을 하고 있었

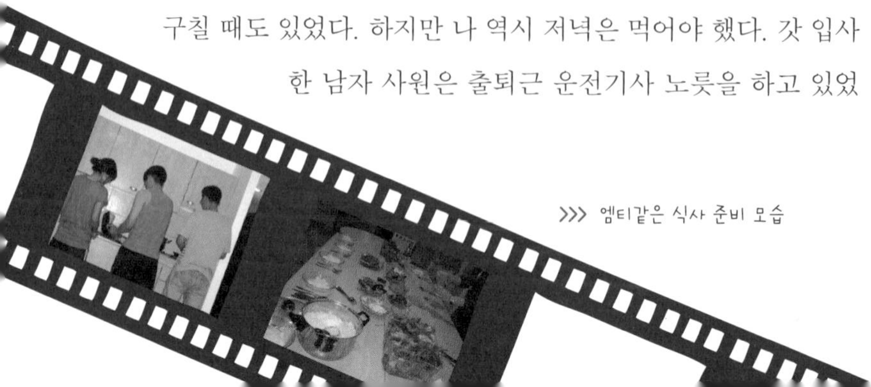

>>> 엠티같은 식사 준비 모습

고, 그다음으로 직급이 낮은 사람이 나였다. 나를 대신해 요리할 사람도 없어서 누군가에게 미룰 수도 없었다. 누군가는 해야 할 궂은일인데 이번이 나의 차례라고 받아들이기로 마음먹었다. 언젠가는 이런 상황이 끝나리라 생각하면서 불평을 하거나 얼굴에 싫은 티를 내지 않고 묵묵히 요리했다.

한 달 후 본사 사무실로 출근했을 때 내가 'A급 여사원'이라 불리는 것을 알게 되었다. 남자 출장자 사이에서 나의 행동이 관심 대상인 줄 전혀 모르고 있었는데, 한 달 사이 나에 대한 소문이 메신저를 타고 한국까지 전해진 것이다. "희영 씨가 요리를 주로 하는데 먹을 만하더라"로 시작된 루머는 과장이 보태어져 "희영 씨가 요리를 아주 잘하더라"로 와전되어 있었다.

그즈음 결혼정보업체에서 직업, 학벌, 재산 등으로 회원을 분류하는 등급표가 화제였는데, 회식 자리에서 우스갯소리로 그것을 패러디하여 부서 내 여직원의 등급을 나누는 표를 만들었다는 것이다. 잦은 출장으로 출장비도 벌고 요리도 잘하는 여사원은 A급, 출장을 자주 가면 B급, 요리만 잘하면 C급으로 분류되는데 이스라엘 출장이 나를 A급으로 만들어 주었다. 술자리에서 남자들끼리 농담으로 여사원에게 등급을 매겼다는 것이 썩 유쾌한 일은 아니었지만, 나는 A급 판정을 받았으므로 아무렇지 않은 척 쿨하게 웃고 넘길 수 있었다.

출장을 통해 요리를 잘하면 이성에게 호감을 불러일으킬 수 있음을 알게 된 이후로 요리 학원에 다니기 시작했고, 기숙사를 나와 자취를 하면서 주말에는 항상 요리를 했다. 미혼 남녀들은 자신의 삶을 윤택하게 해줄 뿐 아니라 자신의 매력을 발휘할 수 있는 기술인 요리를 꼭 배우기를 추천한다.

출장을 갔을 때 요리 외에 내가 주로 했던 또 다른 일은 인터넷을 사용할 수 있도록 현지 사무실에 네트워크 공사를 요청하는 것이었다. 남자 출장자들이 매니저에게 요청하면 완료될 때까지 반나절이나 걸려 그동안 업무를 할 수 없었다. 하지만 내가 나서면 한 시간 안에 처리되었고 네트워크, 프린터 설치 요청은 항상 내 담당이 되었다.

이처럼 여자라는 이유로 귀찮은 일을 맡을 때도 있었지만 희소성의 법칙에 따라 특혜를 받을 때도 있었다. 이스라엘 사무실에서는 복리후생 차원에서 전문 안마사를 고용하여 직원들의 어깨와 목을 안마해주는 서비스를 제공했다. 안마사는 우크라이나 출신 할아버지로 사무실에 상주하면서 안마를 해주셨는데, 한 번에 출장자가 열 명 가까이 쏟아져 나오면 모든 사람에게 서비스를 제공하기가 쉽지 않았다. 숫자가 많은 남자 출장자에게 우선적으로 서비스를 제공하면 누구는 혜택을 받지만, 누구는 혜택을 못 받는 경우가 생겨 불만이 생길 수 있어서 숫자가 적은 여자 위주로 서비스를 제공했다. 그래서 나는 안마도 자주 받았고, 할아버지에게 차도 얻어 마시면서 이런저런 조언을 듣기도 했다.

보통 조직에서 여자가 혼자일 경우 여왕 대접을 받거나 왕따 취급을 당한다고 한다. 나는 여왕도 왕따도 아닌, 무수리에 가까웠지만, 시간이 지난 후 돌이켜 보았을 때 나름 재미있는 기억으로 남는다. 그리고 이후 출장에서는 여러 명의 식사를 나 혼자 담당하는 경우는 더 이상 없었다.

03 예루살렘의 눈물

어느 날, 현지 매니저가 출장자에게 주말 예루살렘과 사해를 다녀오는 코스로 일일 투어를 제공하겠다고 제안했다. 차량과 가이드까지 무료로 제공하며 운전기사가 호텔로 픽업을 해준다는 것이다. 기존에는 출장자 수가 적어서 모든 사람에게 투어를 제공했지만, 최근 들어 출장자가 많아지자 장기 출장자에게만 제공한다는 말도 덧붙였다. 한 달 동안 이스라엘에 머물렀지만 호텔과 사무실, 쇼핑센터와 마트밖에 가보지 못했기에 이런 절호의 기회를 놓칠 수 없었다. 돌아오는 토요일로 투어를 예약하고 부푼 마음으로 그날이 다가오기를 기다렸다.

토요일 오전 9시 빈, 호텔 입구에는 검은색 구형 링컨 콘티넨털 리무진이 와 있었다. 운전석에서 내린 사람은 운전기사 겸 투어가이드라고 자신을 소개하면서 자신을 구피Goofy라고 불러달라고 했다. 그는 디즈니 만화에 나오는 구피처럼 친근한 인상이었다.

구피는 오늘의 투어 차량이 특수 방탄처리 된 차이고 총을 쏘아도 유리창을 뚫지 못한다며 나와 일행을 안심시켜 주었다. 리무진을 타는 것도 처음이었지만, 영화에서만 보던 방탄차를 타는 것이 마냥 신기할 따름이었다. 차 내부는 누울 수 있을 만큼 넓었고 의자도 푹신하여 제대로 VIP 대접을 받는 것 같았다. 늘 화창한 지중해 날씨가 오늘따라 더욱 투어에 적합한 듯했다.

한 시간 반을 이동하여 예루살렘에 도착했는데, 예루살렘의 첫인상은 그야말로 돌과 마른 흙으로 덮인 척박한 땅이었다. 하지만 유대교, 기독교, 이슬람교 모두가 성지로 여기는 장소로 종교 분쟁이 많은 도시라고 했다.

투어는 황금돔 사원과 은색돔 사원이 모두 보이는 언덕에서 시작했다. 황금돔이 있던 자리는 아브라함이 이삭을 제물로 바치려고 했던 곳으로 유대교 성전이었다가 기독교 성전을 거쳐 이슬람 사원이 되었다고 했다. 이곳을 뺏고 빼앗긴 과정은 전쟁으로 이어졌고 그것은 역사가 되었다. 원래의 종교는 전쟁을 부추기는 것이 아닐 텐데 신

>>> 은색돔, 황금돔

>>> 성분묘 교회

을 해석하는 사람에 의해 서로의 존재를 인정하지 못하여 해치는 것이 아닐까?

황금돔과 은색돔을 언덕에서 보는 것으로 만족하고 성분묘 교회로 향했다. 성분묘 교회는 예수님이 십자가에 못 박혀 돌아가시고 난 후 시신을 내려놓은 자리에 세운 교회로 기독교 최고 성지라고 했다. 벽면에는 십자가에서 예수님을 내리는 장면, 시신을 천으로 감싸는 장면, 동굴에 안장하는 장면이 순서대로 그려져 있었다. 전 세계에서 온 수많은 순례자가 기도를 올렸고 그 모습을 보자 나도 모르게 경건한 마음이 들었지만, 물밀듯 들어오는 순례자들에게 떠밀려 교회 밖으로 나올 수밖에 없었다.

통곡의 벽으로 가려는 순간, 휴대폰 액정에 001－82로 시작하는 번호가 떴다. 개인적인 용무로 한국에서 전화가 올 리는 없고 회사에서 온 전화임이 분명했다. 토요일에 회사에서 걸려오는 전화란 받기 전에도 어떤 내용일지 짐작할 수 있었다. 나를 포함한 4명의 출장자는 일시에 긴장했다. 혹시 업무적인 지시가 있을까, 보고 하지 않고 투어를 나온 것 때문에 혼나는 것은 아닐까, 뭐라고 대답해야 할까, 짧은 시간에 많은 생각이 오갔다.

이스라엘은 금요일, 토요일이 안식일이지만, 한국에서는 토요일 출장자에게 전화로 업무 지시를 하는 경우가 종종 있었다. 출장자들은 이스라엘과 한국, 양쪽의 상황을 맞추다 보면 주말에 하루도 쉬지 못하는 경우가 다반사였다. 이번 투어 건에 대해서는 토요일에 특별한 일이 없을 것으로 생각하고 상사에게 별도 보고를 하지 않았는데, 후회되었다.

전화를 받을까 말까 망설이다가 벨이 한참 동안 울리고 나서야 휴대폰을 손에 들고 있던 신입 사원이 전화를 받았다. 전화기로 다짜고짜 지금 어디냐고 물어보는 목소리가 들렸고, 신입사원은 엉겁결에 지금 호텔이며 곧 사무실로 갈 것이라고 말해 버렸다. 불길한 예감은 적중한다더니 아니나 다를까 금방 자료를 보냈으며 메일을 확인하여 결과를 보고하라는 지시가 떨어졌다. 말 그대로 '오 마이 갓!'이었다.

지금 당장 되돌아가서 메일을 확인한다고 해도 2시간은 걸릴 터였다. 토요일 투어를 간다고 미리 보고를 했더라면, 아니 좀 전에 전화가 왔을 때 다른 곳에 있어 메일을 확인하기까지 시간이 걸릴 것이라고 이야기를 했었더라면……. 돌이키기엔 너무 늦어 버렸다. 몇 분 후 한국에서 다시 전화가 걸려왔고 추가로 업무 지시가 떨어졌다. 마음이 조급해져서 빨리 숙소로 돌아가야 할 상황이었다.

어쩔 수 없이 구피에게 차를 돌려서 숙소로 되돌아가자고 말했다. 구피는 황당한 표정으로 예루살렘에 도착한 지 30분도 채 안 되었는데 왜 벌써 돌아가는지 물었다. 그는 오늘이 안식일인데 일을 해야 하냐고 물었고, 한국은 안식일이 따로 없으며 상사가 급하게 업무 지시를 내렸다고 대답할 수밖에 없었다. 그는 여전히 이해할 수 없다는 표정이었지만, 울상인 우리의 표정을 보고 더 이상 묻지 않고 차가 주차된 곳으로 향했다. 그러면서 가는 방향에 있으니 통곡의 벽에 들렀다 가자고 제안했다. 10분이면 된다고 해서 불편한 마음을 억누르고 통곡의 벽으로 갔다.

통곡의 벽은 남자, 여자 구역이 나누어져 있었고 남자들은 입구에서 종이로 만든 키파를 받아 그것을 쓰고 들어가야 했다. 안으로 들어서자 수많은 사람이 벽에 기대어 기도하는 모습과 벽 틈새에 소원을 적은 종이를 돌돌 말아 꽂는 것이 보였다. 나 역시 소원을 쪽지에 쓰고 구멍에 꽂은 후 돌아서는데 눈물이 나오려고 했다. 이 상황이 어이없었고 내가 다시 예루살렘이며 사해를 갈 수 있을까, 하는

생각에 정말 벽에 대고 통곡을 하고 싶은 심정이었다.

구피는 가까운 길을 놔두고 일부러 먼 길을 돌아서 갔는데 모슬렘 지역과 유대인 지역이 나누어지는 골목을 지날 수 있도록 우리를 인도했다. 이 골목은 벽 하나를 사이에 두고 종교로 인해 분위기가 매우 달랐다. 모슬렘 지역은 활기찬 재래시장 분위기로 화려한 벨리댄스 의상, 모스크 문양의 접시 등 다양한 물건을 팔고 있어 볼거리가 많았다. 반면에 유대인 지역은 안식일답게 대부분 상점문이 닫혀 있었고, 검은색 옷과 모자를 갖춰 입은 사람들로 인해 더욱 조용하고 차분한 분위기였다. 두 종교가 구역을 나누어 공존하고 있는 듯했지만 언제라도 폭탄이 터질지 모르는 아슬아슬한 긴장감도 함께 느껴졌다. 우리의 불안한 마음 때문에 더욱 긴장감이 팽배해 있다고 느꼈을지도 모를 일이었다.

짧은 성지순례를 끝내고 호텔로 돌아와서 컴퓨터를 켰다. 전화가 왔던 대로 출장자 모두에게 여러 통의 메일이 와 있었다. 열악한 네트워크 환경으로 50MB의 첨부 파일을 다운로드 받는 데 30분 가까운 시간이 소요되었다. 자료를 받고 4명이 나누어서 검토하기 시작했다. 어느 정도 시간이 흘렀을까, 검토가 마무리되어 4명의 작업 분량을 하나로 모아서 보고 메일을 쓰기 시작했다.

시곗바늘은 어느새 오후 1시를 가리키고 있었는데, 그 시각 한국은 토요일 오후 8시였다. 과연 한국에서 우리의 메일을 확인하기 위하여 사람들이 지금까지 기다리고 있을까 궁금해졌다. 메신저의 상태를 확인해 보았더니 전부 로그오프였다. 모두 퇴근한 것이다. 급한 일이 아니었는데, 투어 도중 예루살렘에서 되돌아온 것이 억울해졌다.

이스라엘에서의 일요일은 주말이 아니므로 출근을 해야 했다. 남은 토요일 오후 시간을 재미나게 보내야 덜 억울할 텐데 마땅히 즐길 거리가 없었다. 내비게이션도 지도도 없어 익숙하지 않은 길에 갔다가 길을 잃을까 봐 염려되어 드라이브도 힘들었다. 가까운 쇼핑몰에 가려고 해도 저녁 6시가 되려면 몇 시간을 더 기다려야 했다. 구피에게 전화를 걸어볼까 생각도 잠시 해봤지만, 빨리 되돌아가자고 다그쳤기 때문에 부를 면목이 없었다. 결국 황금 같은 토요일 오후는 맥주를 마시면서 다운로드 받은 영화를 보는 것으로 만족해야 했다.

몇 달 뒤 다시 한 번 이스라엘로 출장을 오게 되었지만, 체류 기간이 짧아 예루살렘이나 사해에 갈 시간적 여유가 없었다. 역시 기회란 왔을 때 잡았어야 했던 것이다. 예루살렘은 수박 겉핥기로 구경했지만 사해는 그야말로 표지판만 보고 되돌아왔기에 그 아쉬움은 더욱 컸다. 사해에 대한 미련은 출국할 때 공항 면세점에서 사해 머드팩을 사는 것으로 대신할 수밖에 없었다.

04 절대적 위험의 상대적 관점

여느 때와 같은 월요일 아침이었다. 평소대로 동료들과 함께 렌터카를 타고 출근을 했고 러시아워로 모든 차가 도로에서 가다 서기를 반복했다. 대부분 동료들은 차를 타자마자 눈을 감았기 때문에 차 안은 항상 조용했다. 운전을 하던 후배 사원이 자연스럽게 라디오를 틀었고, 한 사람의 목소리만 나오는 것이 뉴스 채널인 듯했다. 아나운서의 목소리가 평소보다 조금 빠르다는 생각이 들었지만 알아듣지 못하는 히브리어는 외계어와 다를 바 없었기에 재빨리 음악 채널로 돌려버렸다.

평소 호텔에서 사무실까지 차로 달리면 30분이 걸리는 거리였고, 일주일을 시작하는 일요일 출근 시간은 50분이 소요되었다. 하지만 한 시간이 넘도록 여전히 도로 위에 붙잡혀 있자 교통사고라도 발생한 것은 아닌지 궁금해졌다. 한 시간 반이 넘어서야 겨우 사무실에 도착할 수 있었다.

사무실에 들어서자 안부를 묻는 전화가 여기저기서 걸려왔고 사무실 분위기는 어수선해졌다. 휴대폰에도 부재중 전화가 여러 통 와 있었다. 그 사이 무슨 일이 발생했는지 궁금하여 컴퓨터를 켜고 한국 포털사이트를 검색해 보았다. 한 시간 전에 텔아비브 쇼핑몰에서 자살 폭탄 테러가 발생했다는 기사가 눈에 띄었다. 2명이 사망하고 수십 명이 다쳤다는 것과 월요일 오전 시간대라 쇼핑몰에 고객이 많이 없어서 희생자가 적었다는 내용이었다. 그 기사를 보자 차 안에서 잠시 들었던 라디오 내용이 테러 사건을 속보로 보도한 것이라고 짐작했다.

뉴스에는 텔아비브 시내 쇼핑몰이라고 나왔기 때문에 본사에서 출장자 안전에 대해 걱정할 것 같았다. 한국으로 먼저 전화하여 모든 출장자가 무사하며 사건 발생 지점은 현지 사무실과 거리가 있어 영향이 없다고 보고했다. 가족들에게도 연락하여 뉴스를 보고 놀라지 말라고 안심시켜 드렸다.

사고가 난 쇼핑몰은 내가 하루의 대부분을 보내는 호텔, 사무실과는 거리가 있지만, 예전에 가 봤던 곳이었다. 내가 그 시간에 그곳에 있었다면 과연 살아있을까, 하는 생각에 마음이 심란해졌다. 나뿐만 아니라 다른 출장자들도 일이 손에 잡히지 않는 듯했고, 자연스럽게 삼삼오오 모여서 오전에 발생한 테러에 대해 이야기를 시작했다.

"그 쇼핑몰 예전에 가봤던 곳이잖아. 생각만 해도 아찔하다야. 사람 많은 주말에 테러를 다시 시도하는 거 아닐까?"

"우리 이러다가 한국에 못 돌아갈 수도 있어."

"위험한 지역이면 생명 수당 더 줘야 하는데……."

"아직 결혼도 못 했는데 이렇게 죽으면 너무 억울할 것 같아요."

대부분 사람들이 웅성웅성 이야기를 나누고 있는데, 단 한 사람만은 지금 상황에 대해 전혀 개의치 않고 본인의 일을 계속 하셨다. 그분은 다른 부서 소속인데 이스라엘 출장을 와서 알게 된 분이었다. 나는 그분이 대화에 소외되는 것 같아 먼저 말을 걸었다.

"과장님, 한국에 전화 안 하세요? 가족들이 걱정할 수도 있잖아요."

"예전에 비슷한 일 겪어봐서 별로 놀랍지는 않네요. 몇 년 전에 브라질 출장 갔을 때 총기 사고를 당한 적이 있었어요. 권총 들고 노트북 내놓으라고 위협하니까 반항도 못 하고 꼼짝없이 다 뺏겼죠. 출장자들은 현금이 많이 없으니까, 소지품 중에서 제일 비싼 노트북을 노린 거 같아요. 카메라가 있었으면 아마 그것도 가져갔을 거예요."

"어머, 진짜 많이 놀라셨겠어요. 그래서 어떻게 하셨어요? 신고 안 하셨어요?"

"일단 법인에 신고했는데, 다음 날 노트북이 새로 나왔어요. 계속 일하라고."

"헐, 죽다 살아난 사람한테 노트북만 주다니 회사 인심 너무 야박하네요. 휴가라도 줘야 하는 거 아니에요?"

"경찰에도 신고했는데 범인은 못 잡는다고 하니까 더 이상 할 게 없었어요. 그래도 다치지는 않았으니까 그만하면 다행인 거죠. 그래도 총이 내 눈앞에 보이니까 진짜 내 인생이 한순간에 눈앞에서 지나가던 걸요."

아찔했던 기억이 되살아났는지 잠시 쉬다가 말을 이었다.

"그때 이후로 죽고 사는 것은 하늘에 달려 있다고 생각해요. 죽을 사람은 자기 집에서도 접싯물에 코 빠져 죽는다잖아요. 살 사람은 총알을 피해서도 살아남으니까, 그냥 자기에게 주어진 일을 하는 거죠."

그 과장님에게서 생사의 두려움을 초월한 내공이 느껴졌다. 그분은 말을 마친 후 다시 본인의 컴퓨터로 몸을 돌려 하던 일을 계속 하셨는데, 마지막 말이 이제 잡담 그만하고 일을 시작하라는 것처럼 들려서 나도 내 자리로 돌아왔다.

자살 폭탄 테러 사건이 발생한 지 몇 주 후, 텔아비브에서 한 시간 반 거리에 있는 도시 하이파가 폭격당한 사건이 발생했다. 엔지니어 중 하이파에 살고 있는 사람은 며칠 동안 출근하지 못했다. 하지만 대부분 사람은 동요하는 모습을 보이지 않고 평소처럼 각자 자기 일을 할 뿐이었다. 어떻게 아무렇지 않을 수 있단 말인가……. 평소 자주 이야기를 나누던 매니저에게 물어보았다.

"다니엘, 이스라엘은 이렇게 자주 폭탄이 터지고, 폭격도 당하고, 주변에 죽는 사람도 있고 위험하잖아. 전쟁이 일어날 수 있다는 것에 대해서 겁나지 않아? 이민은 생각 안 해 봤어?"

"그런 사고는 일부 지역에서만 일어나는 거야. 대부분 지역은 조용하고 안전해. 그리고 가족과 집, 직장이 여기 있는데 다 버리고 혼자 갈 수는 없지. 그리고 한국도 남한과 북한으로 나누어져 있고 가끔 사고가 일어나잖아. 사람들은 한국을 굉장히 위험한 나라라고 생각하고 있어. 그래도 네가 여전히 한국에 살듯이 나도 마찬가지인 거야."

이것을 프레임의 차이라고 하는 걸까. 나는 우리나라가 미국처럼 총기 사고가 나지 않아 안전한 나라라고 생각하고 있고, 지구상에 남은 마지막 분단국가라는 사실을 종종 잊기도 했다. 특히 부산이 고향인 덕분에 주변 친척들 누구도 6·25 당시 피난조차 겪어보지 않아서 전쟁에 대해 이야기를 하시는 분도 없었다. 북한의 도발적인 공격이 있어도 전쟁은 일어나지 않는다는 근거 없는 믿음이 있었고, 내게 있어 전쟁이란 그저 교과서와 다큐멘터리를 통해서 배우는 것이지 실존하는 것은 아니었다. 이스라엘과 대한민국이 비슷하다……? 한 번도 생각해보지 않았기에 다니엘의 말이 신선한 충격으로 다가왔다.

대학 시절 어학 연수차 호주에서 생활할 때 미국 부시 대통령이 이란, 이라크, 북한을 '악의 축'으로 총칭한 것이 뉴스에서 크게 보도된 적이 있었다. 그때 나는 주말을 이용해 2박 3일 여행을 다녀와서 인터넷 기사나 뉴스를 보지 못했다. 하지만 홈스테이 주인은 내가 집으로 돌아오자마자 걱정스러운 얼굴로 한국의 가족들은 안전한지, 전쟁에 대비를 해야 하는 것은 아닌지 여러 번 물어봤었다. 나는 아무렇지도 않은데, 주변에서 더 걱정하는 것을 의아하게 생각했던 것이 기억났다.

나에겐 우리나라가 안전하지만, 그들에겐 위험한 지역이라는 것을, 입장이 바뀌면 위험에 대한 관점도 언제든지 바뀔 수 있다는 것을 알게 되었다. 전쟁과 죽음에 대해 다시 한 번 생각할 기회를 주었던 이스라엘은 그렇게 우리나라와 닮은 점이 있어 오히려 가깝게 느껴지기도 했다.

05 자투리 시간 여행

출장을 갈 때면 회사에 소속된 여행사는 항상 독일을 경유하도록 항공권을 발권해 주었다. 운이 좋은 경우 영국이나 프랑스를 경유할 수도 있지만 가격이 비싸고 별도 결제를 받아야 했기 때문에 특이한 경우를 제외하면 항상 독일을 거쳤다.

한국으로 돌아올 때 독일 프랑크푸르트에서의 대기 시간은 아침 9시부터 저녁 5시까지 8시간이었다. 동료 중에는 프랑크푸르트 공항에 있는 카지노에서 도박을 하거나 다운로드 받은 영화를 3편 연달아 보는 사람도 있었다. 하지만 나는 8시간이면 충분히 당일 여행을 할 수 있는데 단지 비행기를 기다리기 위해 시간을 '때우기'에는 아깝다는 생각이 들었다. 그래서 첫 번째 출장에서는 괴테 하우스Goethe House를, 두 번째 출장에서는 쾰른 대성당Cologne Cathedral을 다녀왔다.

이스라엘에서 독일로 이동할 때 심야 비행기를 타기 때문에 비행기 안에서 맥주나 와인을 한 잔 마시고 숙면을 취하는 것으로 컨디션

>>> 부엌

을 조절했다. 독일에 도착하면 가능한 빨리 비행기에서 내려 출국 심사를 거친 후 전철을 타고 프랑크푸르트 중앙역으로 이동했다. 괴테 하우스는 전철역에서 걸어서 갈 수 있는 거리에 있었다.

『젊은 베르테르의 슬픔』 외에는 괴테의 작품을 읽어 본 적이 없다는 사실을 약간 부끄러워하면서 괴테 하우스 안으로 들어갔다. 겉에서 보면 다른 건물과 함께 있어 괴테 하우스인지 구별할 수 없었지만, 표지판을 따라 안으로 들어가면 벽면이 담쟁이덩굴로 가득한 작은 정원이 나왔다. 문학가 집안답게 입구부터 고풍스럽고 운치 있는 분위기를 풍겼다.

1층에 들어가자마자 보이는 곳은 부엌이었다. 오래되었지만 반질반질 윤이 나는 냄비와 구겔호프 팬[1], 번트 팬[2] 등 다양한 모양의 케이크 팬은 안주인의 깔끔한 성격을 보여주는 듯했다. 장식장과 테이블 위에는 여러 종류의 찻잔 세트가 있었는데 집으로 찾아온 손님들을 응접실로 안내하여 애프터눈 티를 대접했을 괴테 가족의 모습을 상상해보기도 했다.

가장 인상적인 방은 4층에 있는 괴테의 방이었다. 햇살 가득한 창가 옆에 놓여 있는, 손때로 거뭇거뭇해진 책상은 "작가의 방은 이런 것이다"라고 말하는 듯했다. 괴테는 어릴 때부터 문학 신동이었고, 20대에 이미 베스트셀러 작가가 되었으며 독일 문학의 거장으로 손꼽힐 만큼 성공했지만 책상 위에 고통과 격노로 일그러진 라오콘[3]의 흉상이 놓인 것을 보면 괴테 역시 창작의 고통을 겪었을 것이다.

괴테 하우스에서 나오니 배가 고파왔다. 맥도널드 같은 패스트푸드보다는 독일 음식이 먹고 싶어졌다. 소시지 간판이 붙은 레스토랑으로 들어가 소시지와 돼지고기 요리, 맥주를 주문하여 독일에서의 만찬을 즐겼다. 지금도 프랑크푸르트를 생각하면 부드러운 돼지고기와 아삭한 양배추 절임 그리고 쌉싸래한 맥주 맛이 떠오른다.

두 번째 출장에서 돌아올 때 쾰른을 갔던 것은 정말 우연한 일이었다. 예정보다 귀국 일정이 앞당겨져 독일에서 시간을 어떻게 보낼지

>>> 괴테의 방

준비를 하지 못한 채 비행기에 올랐다. 예전처럼 또 괴테 하우스를 갈까 생각하면서 비행기에서 내렸는데 한국인으로 보이는 부모님 연배의 노부부가 눈에 띄었다. 연세로 보았을 때 업무상 출장은 아닌 듯했고, 이스라엘이 쉽게 여행할 수 있는 나라도 아니었기에 과연 이분들은 무슨 이유로 오셨을까 궁금해졌다. 출국 심사를 위해 줄을 서서 기다릴 때 바로 앞에 서 계셔서 자연스럽게 여쭈어보았다.

"이스라엘은 어떻게 오게 되셨어요?"

"아, 나는 목사야. 성지순례 코스 답사하러 왔어. 근데 자네들은 무슨 일로 왔대?"

"저희는 출장 왔어요."

"그래? 고생 많이 했겠네. 우리는 쾰른에 가려는데, 같이 갈 텐가?"

목사님과 사모님은 6개월 뒤 300명의 신도와 함께 성지순례로 예루살렘과 쾰른을 방문할 예정이라고 하셨다. 오늘은 그 코스를 사전 답사할 예정인데 쾰른에 위치한 자매결연 교회에서 쾰른 대성당까지 길 안내와 가이드를 해주기로 했다는 말에 귀가 솔깃해졌다. 무료로 가이드까지 받을 수 있는 좋은 기회였기 때문에 그분들을 따라가기로 했다.

프랑크푸르트에서 ICE[4]를 타면 한 시간 반 만에 쾰른에 도착하는데, 그 티켓 가격이 106유로약 15만 3,400원였다. 한국에서 미리 예약하셨던 목사님 부부의 티켓 가격과 비교하면 2배나 비쌌지만, 언제 쾰른에 또 올 수 있겠냐며 스스로 위로했다.

쾰른 역에 도착하자마자 예정대로 일일 가이드를 할 신도 한 명이 마중 나와 있었고, 먼저 한국인이 운영하는 한식 뷔페로 우리를 안내했다. 일일 가이드는 온종일 걸을 예정이니 많이 먹어두라고 하였다. 나 역시 내가 요리한 음식 외에 오랜만에 먹는 한식이라 든든하게 먹었다. 식사를 끝낸 후 쾰른 대성당으로 향했다. 기차역에서 성당은 모두 도보로 갈 수 있는 가까운 거리에 있었다.

쾰른 대성당은 하늘을 찌를 듯 높이 솟아 있어서 먼 곳에서도 잘 보였으며 가까이 다가가면 오히려 성당의 일부밖에 볼 수 없었다. 탑의 끝을 보기 위하여 생각 없이 고개를 젖혔다가는 뒤로 자빠질 정도였다. 성당의 높이와 규모에 사람의 존재는 한없이 작고 왜소해 보였다.

쾰른 대성당은 1248년에 건축을 시작하여 1880년도에 완공되었지만 지금도 계속 보수 공사 중이었다. 성당의 유구한 역사와 외벽의 정교한 조각상, 내부의 화려한 스테인드글라스를 보노라면 절로 숙연함이 느껴졌다.

쾰른 대성당은 제대로 감상하려면 타워에 올라가야 한다고 했다. 타워 입구에는 친절하게도 타워 높이가 157m에 533개의 계단으로 이루어져 있다고 쓰여 있

>>> 쾰른 대성당 외부

었다. 엘리베이터도 없고 오로지 나선형 계단뿐이었다. 점심을 많이 먹어야 했던 이유가 바로 여기에 있었던 것이다.

심호흡을 가다듬고 계단을 올라가기 시작했다. 폭이 좁은 나선형의 계단이라 한 사람씩 차례로 올라가야 했으며 내려오는 사람과 마주치면 한 사람이 벽으로 바싹 붙어야만 겨우 지나갈 수 있었다. 숨소리가 점차 거칠어지면서 사람들은 말이 없어졌고 그저 묵묵히 계단을 오르기만 했다. 다리가 후들거려 한 손은 손잡이를 잡고 나머지 한 손은 계단을 짚으며 거의 기어가듯이 올라갔다.

지난밤 비행기에서 쪽잠을 잤고 점심 식사 후 쉴 틈 없이 걸은 지라 체력에 자신 있는 나도 계단 오르기가 버겁게 느껴졌다. 나이가 환갑이신 목사님과 사모님이 끝까지 올라가실 수 있을지 걱정되었다. 아니나 다를까, 사모님께서 기도를 하기 시작했다.

"주여, 저에게 날개를 달아주소서. 오, 주여!"

그 기도는 진지했지만, 순간 나는 웃음을 참을 수 없었다. 또 한편으로 두 분 걱정은 안 해도 되겠다며 안심이 되었다. 그 이후 목사님과 사모님이 몇 번 더 주 예수를 외치고 나서야 겨우 전망대에 도착할 수 있었다.

전망대 쇠창살 사이로 불어오는 바람 한 줄기에 그동안 흘렸던 땀이 순식간에 땀구멍 안으로 쏙 들어갔다. 둥근 원형의 전망대를 한 바퀴 돌자 라인 강과 쾰른 시가지가 한눈에 다 보여 쾰른 시내 관광을 다 한 것 같은 느낌이 들었다.

기둥과 손잡이에는 다양한 언어로 쓰인 낙서가 빼곡했는데 자신의 흔적을 남기고 싶어 하는 것은 인간 고유의 본능인 듯했다. 낙서에 대한 충동을 억누르고 이 성당을 짓기 위해 몇백 년 동안 땀 흘렸을 수많은 사람의 노고를 떠올리며 마음속으로 묵념을 올렸다.

이제는 천상에서 지상으로 내려가는 일만 남았다. 사모님은 올라올 때보다 힘들지 않으신지 더 이상 주님을 찾지 않으셨다. 대신 내려오는 길은 뱅글뱅글 돌아갈 듯하는 것이 어지러워 조심스럽게 한 발 한 발 내디뎌야 했다. 다시 프랑크푸르트로 돌아오자 어느새 비행기에 탑승할 시간이 되었다.

비행기를 기다리는 8시간을 이용해 당일 여행을 두 번 한 것은 굉장히 효과적이고 보람찬 여행이었다. 한 달 넘게 체류했던 이스라엘보다 독일에서 16시간 동안 관광하면서 찍은 사진이 더 많았기 때문에

사진을 본 친구들은 내가 독일 출장을 간 것으로 착각하기도 했다.

유럽은 중년이 되었을 때 여행을 가려고 순서를 뒤로 미뤄두었던 곳인데 덤으로 얻은 시간을 이용한 독일 여행은 지금까지도 선물처럼 느껴진다.

1 구겔호프 팬: 구겔호프는 프랑스 알자스 지방에서 유래한 빵이며 구겔호프 팬은 구겔호프를 구울 수 있는 케이크 틀을 말함. 독특한 회오리 모양의 무늬가 특징임.

2 번트 팬: 번트 케이크는 중간에 구멍이 파인 파운드 케이크의 일종이며 번트 팬은 번트 케이크를 구울 수 있는 케이크 틀임.

3 라오콘: 아폴로를 섬기는 트로이의 제관. 트로이 전쟁 때 그리스군의 목마를 트로이성에 끌어들이는 것을 반대하였기 때문에 신의 노여움을 사, 포세이돈이 보낸 두 마리의 큰 뱀에 물려 두 자식과 함께 살해당함.

4 ICE(Inter City Express): 독일 대도시를 연결하는 특급 열차.

Tips ▸▸

패션 오브 크라이스트

이 영화가 설레게 했다

◇ 멜 깁슨 감독의 2004년 영화.
제임스 카비젤(예수 그리스도), 모니카 벨루치(막달라인) 주연.

◇ 예수의 생애를 가장 성경적으로 표현했다는 평을 받은 영화.

예수는 유다에게 배신을 당하여 예루살렘으로 끌려오고 바리새인은 신성 모독죄로 예수에게 사형을 선고한다. 빌라도는 그의 앞에 끌려온 예수를 어떻게 처리할지 고민을 하다가 본인의 정치적 입지를 위해 바리새인들이 원하는 대로 예수를 처리하도록 부하에게 명령한다. 결국 예수는 모진 고문을 받고 십자가를 메고 가도록 명령을 받는다.

골고다 언덕까지 가는 도중 고문을 당하고 십자가에 못 박히는 장면은 살갗이 찢겨나가고 피가 튀는 등 매우 세밀하고 잔인하게 묘사되어 극장에서 관람하던 사람 중 일부는 심장마비로 사망하기도 했다.

TRIP 3
Vietnam

아버지의 흔적 /베트남

01 아버지의 참전과 나의 출장

"아빠가 말이다. 젊었을 때 월남에 갔었단다."

내가 어릴 때부터 아버지는 당신의 월남전 참전에 대한 이야기를 자주 해 주셨다. 할아버지께서 갑자기 돌아가신 후 집안 사정이 어려워졌고, 7남매 중 둘째였던 아버지는 대학을 중퇴하고 월남전에 참전하셨다. 그리고 매달 한국으로 월급을 보내 생활비와 동생들 학비를 보탰다고 하셨다.

내가 아직 어려서인지 아버지의 전쟁 무용담에는 부대에서 먹었던 음식 이야기가 더 많았다.

"식사 때마다 손바닥만 한 스테끼랑 햄버거가 번갈아 나오고 바나나, 파인애플은 산처럼 쌓여 있어서 마음껏 먹을 수 있었지."

내가 초등학교에 다닐 무렵, 바나나는 일 년에 한두 번, 제사나 명절이 되어서만 맛볼 수 있는 귀한 과일이었다. 아이들은 바나나 한 송이로 네 명이 나눠 먹어야 했기 때문에 겨우 한입만 먹을 수 있었다. 파인애플 통조림도 마찬가지였다. 어른들이 파인애플을 먼저 드시면 남은 국물을 먹었고, 어쩌다 운 좋은 날은 어른들이 식사하시는 자리를 기웃거려서 한 조각 얻어먹을 수 있었다. 그렇게 어른들의 특권과도 같았던 과일을 끼니때마다 먹는다는 것이 신기하고 재미있어서 아버지가 해주시는 이야기를 열심히 들었다. 돈가스는 먹어봤지만, 햄버거와 '스테끼'는 본 적도, 들어본 적도 없었기 때문에 어떤 음식일까, 항상 궁금해했다.

한 해 한 해 시간이 흐르면서 나도 어느새 중학생이 되었다. 바나나는 언제라도 몇 송이씩 먹을 수 있는 흔한 과일이 되었고, 햄버거 역시 친구들과 패스트푸드점에 가면 쉽게 먹을 수 있었다. 음식에 대한 호기심이 사라지자 똑같은 이야기만 반복하는 아버지의 이야기도 더 이상 흥미롭지 않았다.

어느 토요일 밤, 주말의 명화 시간에 영화 「굿모닝 베트남」이 방영되었고 아버지는 같이 보자고 하셨다. 아버지는 TV에 빠져들듯 재미있게 보셨지만, 나에겐 수업시간에 보는 다큐멘터리 영상물과 같았다. 겨우 10분 앉아 있는 동안 연신 하품만 하다가 나가버렸다. 머리가 굵어진 딸이 당신의 젊을 적 이야기에 더 이상 흥미를 보이지 않는다는 것을 아신 후부터 아버지는 더 이상 월남전 이야기를 하지 않으셨다.

대학교 2학년 겨울방학, 크리스마스이브가 다가오는 겨울밤이었다. 몸이 피곤하다며 며칠 누워계셨던 아버지는 구토와 설사를 반복하셨는데 그 속에 피가 섞여 나왔다. 불안한 마음이 들어 온 가족이 구급차를 타고 대학 병원 응급실로 향했다.

연말의 응급실은 술 취한 사람들과 사고로 다친 사람들로 인해 한 마디로 아수라장이었다. 증상과 지병 여부를 묻는 의사에게 아버지가 십 년 전 간 경화 진단을 받았고, 그동안 식이요법과 약물치료를 병행하여 정상인에 가까운 생활을 했었다고 알려 드렸다. 의사는 청진기를 가슴에 대어본 후 현재 간암 말기이며, 오늘 돌아가실 수도 있고 길어도 6개월밖에 살지 못한다고 했다. 엊그제까지 정상적으로 출근을 하셨고, 그동안 아프다거나 불편하다는 이야기는 전혀 없으셨는데, 지금도 멀쩡히 앉아 계시는데 간암 말기라고? 꿈인지 생시인지 어리둥절했다. 의사의 이야기는 모두 거짓말 같았다.

갑자기 아버지가 속이 불편하고 메스껍다고 하셔서 근처에 있던 쓰레기통을 받쳐드렸는데 엄청난 양의 피를 토해내고는 그대로 쓰러지셨다. 산만하던 응급실이 순간 조용해지더니 모든 의사가 달려들었다. 아버지는 바로 중증 치료실로 옮겨졌고, 엄마와 오빠, 나는 보호자 대기실로 쫓겨났다. 선생님은 다시 한 번 오늘이 마지막일 수 있다며 마음의 각오를 단단히 하라고 하셨다. 우리 집은 순식간에 초상집이 되었다.

몇 시간이 지난 후 치료실을 나온 의사는 최초의 진단과 마찬가지로 현재 간암 말기이며, 온 장기에 암이 전이되어 전혀 손을 쓸 수 없다고 했다. 지금은 혼수상태인데 깨어나지 못하면 이 상태로 돌아가시는 것이고 깨어난다 해도 주어진 시간은 최대 6개월이라고 했다. 아버지는 일주일 만에 혼수상태에서 깨어나셨지만 의사의 예상대로 아버지의 상태는 점점 나빠졌다. 각혈과 수혈을 반복했고 혼수상태에 자주 빠지셨다. 입원 기간이 길어지면서 가족들도 번갈아가며 병원에서 지냈고, 집은 필요한 물품을 가져올 때만 잠시 방문하는 곳이 되었다.

아버지에게 사실을 알리지 않았지만, 치료실과 입원실을 계속 옮겨 다니게 되자 직감적으로 본인이 살 수 있는 날이 얼마 남지 않았다는 것을 아시는 것 같았다. 죽음에 대한 불안감이 커질수록 가족에 대한 원망과 삶에 대한 후회가 분노로 드러났다.

"내가 대학도 그만두고 목숨을 내걸고 월남까지 갔다 왔는데 아무도 몰라준다."

"내가 먹고 싶은 것도 못 먹고 하고 싶은 것도 참아가며 너희를 어떻게 공부시켰는데……."

"니가 의대에 안 가서 내가 이렇게 아프게 되었다."

링거 주사를 뽑아내고 약들을 집어 던지며 화를 내실 땐 어찌할 바를 몰랐다. 월남전은 삼십 년도 더 지난 일이어서 다른 사람에겐 기억조차 가물가물한 일들인데 아버지에겐 아직도 생생하게 억울하고 분한 일이었던 것이다. 간호사가 진정제를 놓아야만 발작이 가라앉으면서 겨우 잠이 드셨고, 병실에도 안정이 찾아왔다.

결국, 기적은 일어나지 않았고 아버지는 최초 선고 이후 3개월 만에 돌아가셨다. 그 시간은 한 사람이 인생을 마무리하고 죽음을 준비하기엔 짧은 시간이었지만, 내 몸조차 제대로 가누지 못하는 사람에게는 너무나 긴 시간이었다.

나는 휴학을 하고 아버지의 임종까지 지켜보면서 '인생을 저렇게 살면 안 되겠다'고 생각하였다. 나의 만족과 행복을 억누르고 가족을 위해 희생하며 살아왔는데, 그것이 후회로 남는다면 인생이 너무나 허무하다는 것을 눈으로 똑똑히 보았기 때문이다.

3개월 동안 매일 죽음을 준비했던 우리 가족은 아버지가 돌아가신 후 치열한 현실에 빨리 적응해야 했다. 나 또한 아르바이트와 졸업, 취업으로 바쁜 생활을 하면서 아버지를 생각해본 적이 거의 없었다.

입사 후 4년 차가 되었을 때, 베트남 프로젝트에 투입되었다. 프로젝트 기간은 3월부터 9월까지 6개월이며 그 기간의 절반은 베트남에서 일해야 했다. 내겐 월남으로 더 익숙했던 나라 베트남에서 3개월 동안 살게 된 것이다.

처음 호찌민에 도착하여 호텔 체크인을 한 후 방에 들어섰을 때 제일 먼저 눈에 띈 것은 탁자 위에 놓인 과일 접시였다. 바나나를 집어 들어 껍질을 벗긴 후 한 입 베어 먹는데 몇 년 만에 처음으로 아버지 생각이 났다.

'아버지가 지금 살아계셨으면 얼마나 할 이야기가 많을까.'

당신이 젊었을 때 다녀왔던 그 나라를 40여 년이 지난 지금, 당신 딸이 출장으로 왔다는 것을 아시면 얼마나 대견하게 생각하실까. 서울 못지않게 화려한 호찌민 시내의 모습을 직접 보면 깜짝 놀라실 거라고, 당신은 참전을 했고 나는 출장을 왔지만 우리는 외화를 번다는 공통점이 있다는 것까지, 이제는 내가 해 드릴 수 있는 이야기가 너무 많은데 나는 지금 혼잣말을 하고 있는 것이다. 그리움이 밀려와서 눈시울이 뜨거워졌다.

이 나라 어딘가에 아버지의 흔적이 깃들어 있다고 생각하자 베트남은 내게 특별한 의미로 다가왔다. 출장으로 왔기에 비록 여행을 할 여유는 없지만, 시간이 날 때마다 속속들이 둘러보고 싶은 생각이 들었다. 이렇게 베트남에서의 생활을 시작하게 되었다.

02 호찌민의 호찌민에 의한 호찌민을 위한

나의 출장 기간은 베트남의 우기인 5월에서 10월 사이에 딱 맞물려 있었다. 날씨가 무척 덥고 습하여 법인에서 일하는 대부분 사람과 출장자는 도보로 5분이 넘는 거리라도 택시를 이용했다. 호텔에서 법인까지는 걸어서 10분 거리였는데, 초반에는 걸어 다녔지만, 출장 기간이 길어지면서 나도 거의 매일 택시를 탔다.

호텔과 법인은 시내 한복판에 있어 인근에 유명한 관광지가 많았다. 평소보다 일찍 나와 걸어서 출근을 하면 시내 투어 코스 중 한 곳을 둘러볼 수 있었다. 풀밭에 앉아 반미Banh Mi[1]에 연유가 듬뿍 들은 커피 한 잔을 곁들인 후 관광지로 향하면 나의 일상은 바로 여행이 되었다.

가장 먼저 방문한 곳은 전쟁박물관이었다. 베트남을 논할 때 베트남전쟁을 빼놓을 수 없는 것처럼 전쟁박물관 역시 호찌민 시내 관광

>>> 실제 사람을 처형할 때 썼다는 단두대. 유리관 안에 전시된 것이 아니라서 으스스한 느낌이다.

의 필수 코스로 항상 관광객이 많았다.

박물관 안으로 들어가자 가장 먼저 눈에 들어온 것은 단두대였다. 단두대는 다른 박물관처럼 유리 케이스 안에 있는 것이 아니라 밖으로 드러나 있었으며 펜스조차 없어서 관람객들이 가까이 다가가서 볼 수 있었다. 단두대는 모형이 아닌 실제로 수천 명을 처형했던 것이어서 천장에 매달려 있는 칼을 바라보면 지금도 피가 뚝뚝 떨어질 것 같았다. 단두대 옆에 있는 상자는 처형 후 목이 잘린 몸뚱이를 담는 곳으로 사자나 악어 먹이로 줬다고 했다. 전시된 곳은 조명도 없이 천장과 벽의 벌어진 틈 사이의 햇빛에만 의존하여 공포영화를 보는 것보다 더 오싹하고 섬뜩한 느낌이 들었다.

단두대 옆에는 실제 감옥을 그대로 재연해 놓았는데 수감자 마네킹도 함께 있었다. 마네킹은 깡마른 몸, 제멋대로 자란 머리카락, 핏자국, 한쪽 눈이 실명한 듯 눈을 제대로 뜨지 못하는 모습과 고문에 찌들어 지친 표정까지 사실적으로 묘사되어 있었다. 얼핏 보면 마네킹이 아니라 실제 사람처럼 보이기도 하고 귀신의 모습 같기도 해서 여러 사람이 깜짝 놀라 했다.

다른 전시관에는 베트남전쟁 중의 사진과 고엽제로 인한 피해 사례 사진이 있었다. 폭탄이 터져 폐허가 된 집, 바닥에 팽개쳐 있는 시체, 불구로 태어난 아이들 사진을 보자 인간의 잔인함과 전쟁의 무자비함이 다시 한 번 느껴졌다. 그 옆에는 기형아로 태어난 아이들을 박제하여 보관한 유리병을 전시하고 있었다. 비록 내가 성인이지만 그 유리병을 보자마자 속이 울렁거리고 머리가 어지러워졌다. 아무래도 이 박물관은 만 18세 이상만 입장해야 할 것 같았다. 더 이상의 관람을 포기하고 신선한 공기를 마시기 위해 밖으로 나왔다.

박물관 외부에는 미군이 버리고 간 전투기, 헬리콥터, 탱크가 전시되어 있었다. 군사무기를 대하는 남자들의 태도를 보면 한국 남자인지 아닌지 쉽게 구별할 수 있었다. 보통 남자들은 무기에 열혈한 관심을 보여 손으로 직접 만져보고 탱크 내부에도 들어가는데, 한국 남자들은 시큰둥하게 먼발치에서 쳐다보고 지나가기 때문이다. 출장에서 돌아와 오빠한테 물어보았더니 한국 남자들은 군대에서 그런 무기들을 신물 나게 보고 또 직접 타기도 하기 때문에 더 이상 궁금할 것이 없다고 했다. 그리고 한국인임에도 불구하고 전쟁 무기에 관심을 보인다면 그 사람은 틀림없이 군 미필자나 면제, 병역특례일 것이라는 말도 덧붙였다. 증명할 방법은 없었지만, 그 말이 신빙성 있게 느껴졌다.

>>> 전쟁 이후 미군이 버리고 간 탱크와 헬기 'United states Army'라는 글자가 뚜렷하다.

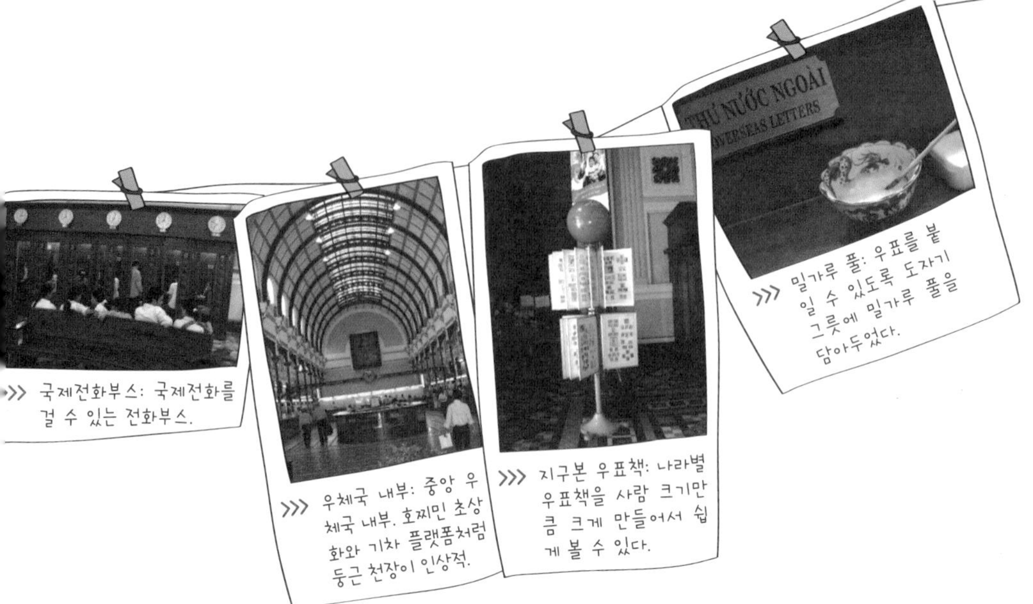

>>> 국제전화부스: 국제전화를 걸 수 있는 전화부스.

>>> 우체국 내부: 중앙 우체국 내부. 호찌민 초상화와 기차 플랫폼처럼 둥근 천장이 인상적.

>>> 지구본 우표책: 나라별 우표책을 사람 크기만큼 크게 만들어서 쉽게 볼 수 있다.

>>> 밀가루 풀: 우표를 붙일 수 있도록 도자기 그릇에 밀가루 풀을 담아두었다.

두 번째로 방문했던 곳은 중앙우체국과 사이공 대성당이었다. 중앙우체국은 프랑스의 유명 건축학자가 설계한 건물로 분홍색 벽돌, 아치형의 출입문과 창문 그리고 외벽을 장식한 화려한 조각이 특징이었다.

우체국의 천장도 둥근 아치형에 철제 프레임이 가로질러 있어 마치 기차역을 떠올리게끔 설계되어 있었다. 대형 지구본과 커다란 책자 모양으로 우표를 전시하는 등 우체국 내부는 아날로그 감성이 느껴지는 가구와 소품으로 가득했는데 건물의 외관과 어우러져 고전적인 분위기를 풍기고 있었다.

국제전화를 걸 수 있는 전화부스는 원목으로 만들어졌으며 부스 윗부분에는 주요 나라의 현재 시각을 알려주는 벽시계가 걸려 있었다. 해외 우편물을 보내는 우체통 앞에는 도자기 그릇에 밀가루 풀이 담겨 있고 풀을 바를 수 있는 붓도 함께 놓여 있었다. 그것을 보자 학창시절 펜팔 하던 친구에게 편지를 보내기 위해 우체국에 드나들었던 기억과 우표에 풀을 붙일 때 설레었던 순간도 떠올랐다.

중앙우체국을 나오면 바로 건너편에 노트르담 성당이라고도 불리는 사이공 대성당이 있었다. 하루 두 번 성당 내부를 개방하는데, 시간에 맞추어서 안으로 들어가 보았다. 천장은 높은데 촛불만이 내부를 밝히고 있어서 실내는 어두웠다. 성당 안에는 흔히 보았던 마리아와 예수 동상 대신 어린 소녀인 성모마리아와 함께 있는 성 안나ANNA[2] 동상과 아기 예수를 안은 성 요셉Hãy Đến Cùng Giuse[3] 동상이 함께 있었다. 보통 성 안나 성당과 성 요셉 성당이 별도로 있는데 이 두 동상을 함께 모신 것이 독특했다. 두 동상 뒤로 네온사인을 아치 형태로 둘러놓아 주변을 환하게 했는데, 성 안나 동상 머리 뒤에 후광을 나타내기 위해서 동그란 네온사인을 붙여놓은 것은 조금 조잡스럽게 보여 아쉬웠다.

>>> 성당 내부: 마리아
>>> 성당 외부: 사이공 대성당

이 성당은 내부보다는 외부가 더 운치 있고 멋있었다. 이국적인 분위기로 주말이면 성당 주변에서 웨딩 촬영을 하는 커플을 심심찮게 볼 수 있었다. 밤이 되어 조명이 켜지면 벤치에만 앉아도 근사한 노천카페가 되었다. 베트남 젊은이들의 대표적인 만남의 장소 같았는데 나 또한 종종 성당 앞을 약속 장소로 정하곤 했다.

호찌민 시내를 걸어 다니다 보면 호찌민의 동상과 초상화를 쉽게 찾을 수 있었다. 하지만 뭐니 뭐니 해도 호찌민 초상화를 가장 많이 볼 수 있는 곳은 시장이었는데, 그 이유는 지폐마다 호찌민이 그려져 있기 때문이었다.

주말에는 벤탄 시장Ben Thanh Market에 자주 갔다. 나는 사람 사는 냄새가 나고 그 나라 지방색을 확실히 느낄 수 있어 재래시장을 구경하는 것을 좋아한다. 빽빽한 코너 상점과 천장에 닿을 만큼 물건이 쌓여 있는 것을 보면 명절 때의 남대문, 동대문 시장처럼 활기가 넘쳤다.

벤탄 시장에서는 다른 물품보다 베트남 공예품을 구경하는 것이 쏠쏠한 재미였다. 특히 직접 손으로 나무를 깎아서 만든 아오자이(베트남 전통 의상) 인형과 젓가락이 꽂혀 있는 면 그릇 등은 실용성까지 갖춘 기념품이었다. 나는 거기서 나무로 만들어진 젓가락과 젓가락받침 그리고 젓가락 케이스를 세트로 구매했는데, 케이스 겉면에 새겨진 용무늬 조각은 꽤 정교하여 선물용으로도 손색이 없었다.

인민위원회 청사는 내부가 일반인들에게 공개되지 않지만 호찌민 시를 대표하는 건물이었다. 이곳을 방문하는 관광객이 많은 이유는

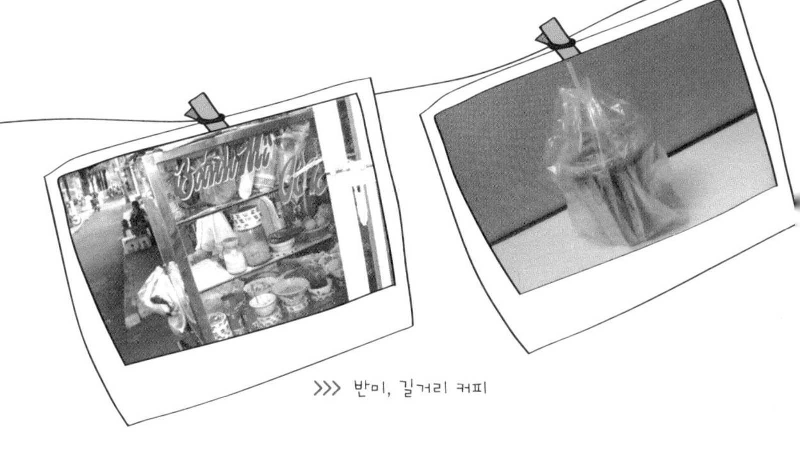

>>> 반미, 길거리 커피

건물 앞에 있는 호찌민 동상이 있기 때문인데 어린아이를 안고 있는 모습이 그의 인자한 성품을 보여주는 듯했다.

호찌민은 조국의 독립과 해방을 위해 평생을 바친 국민 영웅으로 원래 사이공으로 불린 도시 이름까지 바꿀 만큼 큰 영향을 끼친 인물이었다. 호찌민은 베트남의 혁명가, 정치가이지만 그 모습은 체 게바라를 상상할 때 떠오르는 카리스마를 가진 강력한 지도자 이미지와는 거리가 멀었다. 그의 별명 호 아저씨[4]답게 정말 이웃집 아저씨처럼 편안하고 부드러운 모습이었다. 그의 정신이 도시 곳곳에 뿌리내려서인지 이방인인 나에게도 호찌민은 친근하고 편안한 사람처럼 느껴졌다.

1 반미(Banh Mi): 베트남식 바게트. 주로 샌드위치로 만들어 먹음.
2 안나(Anna): 마리아의 친모이자 예수의 외할머니.
3 요셉(Hãy Đến Cùng Giuse; 요셉에게 와서): 예수의 아버지.
4 호 아저씨: 베트남인들이 애정 어린 마음으로 불렀던 호찌민의 별명.

03 신 카페 일일투어

내가 호찌민에서 머무르는 동안 공교롭게도 회사 부회장의 동남아 법인 순회 출장이 예정되어 있었다. 법인의 모든 직원은 긴장하여 일사불란하게 준비했고, 출장자를 관리하셨던 과장님은 출장자 전원에게 부회장이 방문하는 당일만큼은 법인과 한식당 근처에 오지 말라고 당부하셨다. 출장자들이 면 티셔츠, 맨발에 샌들, 청바지 등 자유로운 복장으로 출근하는 것이 눈에 띌까 봐 맘이 안 놓였던 것이다. 강제로 내쫓는 분위기에 미안하셨는지 신 카페Sinh Cafe 일일투어라도 다녀오라고 하셨다.

우리는 정당하게 땡땡이를 칠 수 있는 기회를 얻게 된 것이다. 같은 팀의 과장님과 출장을 함께 왔더라면 이스라엘에서처럼 호텔에서 일을 했겠지만 베트남에는 전부 비슷한 연차의 선후배, 동료만 있어서 모두 투어를 가고 싶어 했다. 그 길로 바로 신 카페에 들러 당장 출발 가능한 투어 프로그램을 확인하였다.

신 카페는 세계 배낭여행객들이 많이 이용하는 현지 여행사로서 일일투어부터 1박 2일, 2박 3일, 13박 14일, 베트남 전국 일주 등 다양한 여행 프로그램을 운영하고 있었다.

우리는 미리 예약하지 않아도 당일 출발이 가능하고 대기 시간이 짧은 메콩 강 투어를 선택했다. 이용하는 사람이 많다는 것은 여행사의 대표 프로그램이기에 실패할 가능성이 적다는 생각이 들어서였다.

>>> 신카페 앞: 투어 차량이 출발하기를 기다리는 다양한 국적의 관광객들

신 카페 앞에서 관광버스를 타고 한 시간을 달려 메콩 강 선착장에 도착했다. 흙탕물처럼 누런 메콩 강에서 작은 배를 타고 수상가옥과 수상시장을 지난 후에 오늘의 목적지에 도착하였다. 이곳은 현지인들이 사는 마을이라기보다는 관광객을 위해 현지인의 생활 모습을 보여주는 마을이었다.

이곳에서 라이스페이퍼와 코코넛캔디, 전통 과자를 만드는 모습을 구경할 수 있었다. 라이스페이퍼는 보는 과정이 수작업으로 만들어졌는데, 팽팽하게 잡아 당겨진 면 보자기를 프라이팬처럼 이용하는 것이 특이했다. 라이스페이퍼를 만드는 과정은 다음과 같았다. 면 보자기 위에 묽은 쌀가루 반죽을 종이처럼 얇게 펴서 살짝 익힌 후 반죽이 찢어지지 않게 잘 떼어내서 대나무 발에 옮긴다. 그늘에서 잠시 식힌

후 바람이 잘 통하는 다른 대나무 발에 다시 옮겨서, 종이처럼 빳빳하게 굳을 때까지 햇볕에 말리는 것이 전체 과정이었다. 라이스페이퍼를 통해 바라봤을 때 반대쪽이 다 보일 정도로 투명하고 얇게 펴는 것이 기술의 핵심이었다. 평소에 먹던 라이스페이퍼와 여기에서 만들어지는 것을 비교해 보면 두께가 훨씬 얇은 것이 수작업으로 만드는 것과 공장에서 만들어 내는 것과의 차이인 듯했다.

그 옆에서는 코코넛캔디를 만들고 있었다. 커다란 솥에서 액체 상태의 캔디가 끓고 있는데 달라붙지 않도록 계속 저어주는 것은 기계로 돌렸고, 고체로 굳은 캔디를 똑같은 크기로 자르고 포장하는 것은 수작업으로 이루어졌다.

다른 한쪽에서는 여러 명이 전통 과자를 만들고 있었는데, 추석, 설과 같은 명절에 재래시장에서 강정을 만드는 모습과 비슷했다. 독특한 것은 쌀알을 튀길 때 검은색 모래와 함께 솥에 넣어 볶는 것인데 열이 안팎으로 동시에 가해서 좀 더 빨리 익는 듯했다. 그렇게 튀겨진 쌀

>>> 라이스페이퍼 만드는 과정

알을 체에 한 번 걸러서 모래와 분리한 후 물엿을 버무려 강정으로 만들고 있었다.

전통 과자를 만드는 것까지 보고 나면 바로 기념품 가게로 이어졌다. 만드는 과정을 보여주었던 라이스페이퍼, 캔디, 강정뿐 아니라 뱀술, 가죽 벨트, 목각인형, 아오자이 등 다양한 제품을 팔고 있었다. 코코넛 캔디와 따뜻한 차는 무료 시식이 가능했는데, 그것 역시 판매를 하기 위한 목적이었다. 나름 알찬 프로그램이었고 포함된 점심 식사도 맛있었지만, 상술이 너무 보이는 것이 약간 아쉽기도 했다.

메콩 강 투어 이후 어쩔 수 없이 여행할 수 있는 기회가 한 번 더 생겼다. 법인 사무실의 확장 이전으로 하루 동안 전기와 인터넷을 사용하기 힘들다는 통보를 받은 것이다. 우리는 자연스럽게 신 카페로 향했고 일일 프로그램 중 꾸찌 터널Cu Chi Tunnel 투어를 선택했다.

꾸찌 터널은 베트남전쟁 당시 미군을 공격하기 위해 만든 지하 요새로서 미국과의 전쟁에서 유일하게 승리한 베트남의 게릴라 정신을 한눈에 볼 수 있는 곳이었다. 짐 콜린스의 「Good To Great」에서도 미국의 기술력을 이긴 베트남의 정신으로 인용된 바 있으며, 월남전 현장을 가장 가까이 느낄 수 있는 곳이어서 예전부터 가 보고 싶었다.

버스를 타고 한 시간을 이동하여 어느 숲에서 내렸다. 가이드는 바닥에 있는 나무 뚜껑 앞에서 사람들을 모이게 한 뒤 뚜껑을 열어 가려져 있던 구멍을 보여주었다. 투어 일행 중 남자 한 명이 발을 구멍 옆에 갖다 대자 길이가 비슷했다. 그것은 꾸찌 터널로 들어가는 입구라고 했는데 과연 사람이 드나들 수 있을까 의심이 들 정도로 크기가 작았다. 하지만 가이드는 그 구멍 안으로 다리부터 집어넣더니 허리를 통

>>> 꾸찌 터널 입구.
성인 남자 발크기만하다.

과한 후 만세 자세로 두 팔을 올려 온몸을 완벽하게 넣고 말았다. 나무 뚜껑을 덮고 뚜껑 위로 나뭇가지와 나뭇잎을 흩뿌려놓으면 지하 요새 입구인지 알 수 없을 정도로 감쪽같았다.

그 장면을 보자 예전에 보았던 TV 예능 프로그램이 생각났다. 인기 걸 그룹이 베트남으로 현지 촬영을 갔고, 가장 마른 멤버가 현지인을 따라 구멍에 들어가려고 시도를 했다. 하지만 골반이 걸려서 들어가지 못하고 도로 나오는 것을 보았는데 그 촬영 장소가 바로 꾸찌 터널이었던 것이다. 그 구멍을 지하요새 입구라고 생각하기도 쉽지 않지만 설사 발견했다 한들 미군은 도저히 들어갈 수도 없는 크기였다.

관광객을 위해 별도로 만든 넓은 입구로 들어가서 지하 요새 곳곳을 구경하였다. 가이드는 잘못 밟았을 때 깊은 구덩이로 빠지는 가시덤불과 밟으면 튀어 올라와서 얼굴 부분을 강타하는 가시 기둥 등 다양한 형태의 함정을 설명해주었다. 원시적인 방법이긴 하지만 미로와 같이 복잡하고 어두운 터널 속을 다니다가 예상치 못한 순간 밟게 되면 도망갈 시간은 충분히 벌 수 있어 보였다. 가이드는 위험할 수 있으니 개인 이동하지 말고 꼭 따라서 이동하도록 몇 번이나 주의를 주었다.

지하 요새는 용도별로 공간이 잘 분리되어 있어서 무기를 제작하는 공간과 학교도 있었다. 전쟁 와중에도 다음 세대를 위해 공부를 계속시키고자 하는 교육열을 느낄 수 있었다.

>>> 터널 내에서 함정을 설명하고 있는 가이드

투어의 마지막 코스는 땅굴 체험이었다. 지금까지 둘러본 곳은 관광을 위해 넓게 확장한 곳이며 베트남전 당시 실제 크기 그대로 보존하고 있는 터널이 있다는 것이다. 노약자와 심장이 약한 사람, 폐소공포증이 있는 사람은 들어가지 못하게 했다. 함께 했던 직장 동료 모두 신체 건강한 20대 후반의 청년이었기 때문에 터널을 기어가 보기로 했다.

터널은 허리를 펼 수 없이 정말 쪼그려 기어가야 할 정도로 높이가 낮았으며 잠시라도 몸을 움직이면 천장과 벽에 몸이 부딪혔다. 잠깐만 기었는데도 땀이 비 오듯 흘렀으며 산소가 부족해서인지 가슴이 답답해졌다. 뒤에서 다른 관광객이 계속 따라 들어오고 있어서 되돌아갈 수도 없이 앞으로 갈 수밖에 할 수 없는 상황이었다. 이대로 더 가다간 쓰러질 것 같다는 생각이 들 때쯤 터널이 끝이 났다. 처음 지하 요새에 들어왔을 때 공기에서 지하 곰팡이 냄새가 살짝 느껴졌는데 터널을 통과하고 나니 그 냄새마저 상쾌하게 느껴졌다.

밖으로 나오자 외부에는 탱크와 실물 크기의 모형 군인이 전시되어 있었다. 나무 그늘에 앉아 편지를 쓰는 군인, 해먹에 앉아 있는 군인 모형을 보니 아버지의 젊은 시절이 생각나 가슴 한편이 짠해졌다. 내가 한때 '군인 아저씨'라고 불렀지만, 지금은 그들을 '동생' 또는 '애기'로 부를 만큼 시간이 흘렀고, 아버지 역시 꿈 많은 대학생 시절에 군인 아저씨가 되어 여기 오셨을 거라는 생각이 들었기 때문이다.

나는 여행했던 기억 외의 과거는 잘 추억하지 않는다. 앞으로 펼쳐질 미래가 더 기대되기 때문이다. 하지만 베트남에서 행복했던 시절을 생각하면 그 끝은 항상 아버지로 연결된다.

"아빠, 사랑해요. 그리고 감사합니다."

04 여자의 일생

6개월의 프로젝트 동안에 내가 베트남에서 머물렀던 기간은 100일이었다. 동료 중에는 오랫동안 한국을 떠나 있는 걸 힘들어하는 사람도 있었으나 나는 베트남에서의 생활이 무척 만족스러웠다.

호텔 생활을 좋아했는데 아침에 출근 준비를 하면서 방과 화장실을 어질러 놓은 채 나와도 퇴근 후 돌아오면 말끔하게 치워져 있을뿐더러 베개 옆에는 항상 초콜릿이 놓여 있었기 때문이다. 또한 15일 이상 장기투숙객에 한해서 매일 빨래를 무료로 해주었기 때문에 양말 한 켤레까지도 세탁, 다림질 후 비닐에 포장되어 배달되었다. 한국에 있었더라면 스스로 해야 하는 집안일에서 해방된 것이다.

한국 음식도 공짜로 먹을 수 있어서 먹는 것에 대한 스트레스도 없었다. 호텔과 법인 사무실에서 도보 5분 거리에 한국 식당이 있었으며, 장부에 이름만 쓰면 법인에서 식대를 일괄 계산했기에 출장비는 고스란히 통장에 쌓였다.

손톱, 발톱도 내가 직접 깎은 적이 없었다. 한국에서라면 부담스러울 네일케어 가격이 저렴하여 손톱이 약간만 길거나 매니큐어 색이 맘에 들지 않으면 고민 없이 네일샵에서 관리를 받았다.

퇴근 후 여가 시간에는 전신 마사지를 받았고, 호텔의 스카이라운지에서 칵테일을 즐기거나 로비에서 가수들의 라이브 음악을 들으며 커피를 마셨다. 주말에는 짝퉁 시장에서 쇼핑을 즐겼다. 만 원짜리 롤렉스와 까르띠에 등 다양한 브랜드의 시계를 사 모았고 가족, 친구들에게 선물할 용도로 티셔츠, 운동화, 가방 등 양손이 무겁도록 구매를 했다.

한국에서는 나와 거리가 멀었던 쇼핑과 마사지, 호텔 스카이라운지를 베트남에서는 부담 없이 즐길 수 있었는데, 이것이야말로 상류층의 삶이 아닌가 하는 생각이 들 정도였다. 이는 환율 차이의 득을 본 것이다. 하지만 그런 생활도 혼자서 하기에는 가끔 심심할 때가 있었다.

출장자 중 여직원은 나 혼자여서 대화할 친구가 있으면 좋겠다고 생각할 때쯤, 내가 투숙하는 호텔에서 일하는 한국인 호텔리어를 알게 되었다. 나보다 2살 어린 Y양은 스위스에서 호텔학교에 다녔으며, 졸업과 동시에 유럽 최대 호텔 그룹인 아코르 호텔에 입사했다. 호주에서 10개월, 태국에서 8개월 근무한 후 베트남으로 오게 되었는데 그녀도 가족, 친구와 떨어진 채 오랜 타지 생활에 외로움을 느끼던 시기여서 우리는 금방 친해졌다. 우리는 식사도 같이하고 Y가 비번인 날은 재래시장에 함께 구경을 가기도 했다.

나보다 오래 베트남에서 머물렀던 Y는 간단한 베트남어를 말할 수 있었고, 자주 쓰는 회화 표현은 가르쳐 주었다. Xin chào[신 짜오, 안녕하세요],

Cám ơn깜언, 고맙습니다, Kasch san Sofitel깍산 소피텔, 소피텔로 갑시다은 나도 쉽게 따라 할 수 있었다.

그 외에도 Y는 호텔을 이용할 때 유용한 팁을 몇 가지 알려주었다. 가끔 킹사이즈 베드로 예약했음에도 불구하고 싱글사이즈 침대를 2개 나란히 붙여 사이즈만 맞춘 방을 배정받을 때가 있었다. 이럴 경우 침대에 앉거나 손을 대지 않은 상태에서 교환을 요청하면 다른 방으로 바꿔 준다는 것이다. 그리고 호텔 체크인할 때 생일이나 결혼기념일이라고 하면 케이크나 샴페인 같은 선물을 주는 경우가 있으니 다른 호텔에 투숙할 때 꼭 이용해보라고 했다. 가끔 생일을 확인할 수 있는 신분증이나 청첩장을 보여 달라고 하는 경우도 있으나 대체로 까다로운 확인 절차를 거치지 않으니 시도해 볼 만 하다는 것이다.

또한 호텔에 얽힌 비하인드 스토리도 흥미진진했다. 일반 투숙객이 엘리베이터로 갈 수 없는 호텔 꼭대기 층에는 VIP용 특별 객실이 있는데 층 전체가 하나의 객실이라고 했다. VIP의 경우 개인요리사를 동반하는 경우가 있기 때문에 조리실을 별도로 만들고 개인 헬스클럽도 만든다고 했다. 그 외에도 호텔 직원 중에 게이가 많다거나 현지처를 위해 본인이 투숙하는 방 옆방은 항상 비워달라고 요청하는 매니저가 있다는 등 내가 몸담지 않는 세계의 이야기도 재미있게 들었다.

다른 동남아 국가도 마찬가지겠지만, 특히나 베트남에서 외국인 남자 한 명이 2, 3명의 현지 처녀를 데리고 다니는 광경이 자주 보였다. 대체로 남자는 배가 많이 나온 중년이었고, 현지 처녀는 이제 갓 스물이나 되었을까 앳된 아가씨였다. 하지만 그녀들의 화장이나 머리 염색이 화려했고, 옷차림도 노출이 심했다. 한국 식당이든 호텔 바이든 그런 모습이 자주 보이자 나도 모르게 눈살이 찌푸려졌다.

호텔에서도 특이한 현상이 눈에 띄었다. 밤거리에서 볼 수 있는 그런 아가씨들이 아침이 되면 로비에 대기하고 있다가 우르르 엘리베이터를 타고 올라가는 것이었다. 2층 식당에서 아침 식사를 할 때면 로비 전체를 내려다볼 수 있어서 무슨 연유인지 항상 궁금하게 생각했었다. 나는 내가 봤던 모습에 대해 Y에게 물어보자 Y는 한숨부터 먼저 내쉬고 말을 이었다.

"베트남에서는 숙박하지 않는 현지인들을 저녁때 호텔에 출입하지 못하게 해요. 저녁때 아가씨를 부르려면 방을 하나 따로 잡아야 하니까 아침부터 부르는 거죠."

예상했던 대로였다. 그녀들이 객실로 들어갈 때 본인의 아이디 번호와 자신이 방문하는 객실 번호를 적고 가기 때문에 호텔 직원들은 누가 몇 명의 아가씨를 부르는지 다 알 수 있다고 한다.

"아가씨 부르는 사람들은 다 일본인, 한국인이에요. 아침에 아가씨들 올라갈 때는 동료들이 저를 놀려요. 미스터 킴, 미스터 초이Choi 한국인들 오늘도 아가씨 불렀다고 그래요. 20대 후반부터 60대까지 정말 다 부른다니까요. 그럴 때면 가끔 한국인이라는 것이 좀 부끄러워요."

씁쓸한 현실이었다. 내가 베트남에서 태어났다면 무엇을 하고 있을까 생각해 보았다. 아마도 안마사나 관광 가이드를 하고 있을 것 같았다. 힘들게 돈을 버는 데 지쳤다면, 지독한 가난이 지긋지긋하다면 나 역시 쉽게 돈을 벌 수 있는 유혹에 빠지지 않으리라고 장담할 수 있을까. 새삼스럽게 한국에서 여자로 태어난 것이 다행이라는 생각이 들었다. 고등 교육을 받았고 남녀차별 없이 내가 일한 대가를 받을 수 있으며 비록 출장이지만 좋은 호텔에도 숙박할 수 있다는 것, 현재 내가 누리고 있는 것들에 대해 감사한 마음이 들었다.

베트남 아가씨들의 창창한 미래가 안타까웠지만, 나는 평범한 직장인이기에 그녀들을 위해 내가 할 수 있는 일이 뚜렷하게 떠오르지 않았다. 그저 그녀들이 좀 더 주체적으로 자신의 삶을 살아갈 수 있도록 응원하고 기도하는 것밖에 없었다.

베트남 프로젝트 이후 우연하게 아동후원단체인 플랜 코리아에서 베트남 어린이를 후원하는 것을 알게 되어 나도 정기 후원을 신청했다. 매달 급여 통장에서 협회로 일정 금액이 자동 이체되는 형태였다. 신청하고 나서 내가 후원하는 아이인 '딘 레 후엔 디우'와 그 가족에 대한 보고서 그리고 아이의 사진을 받았다. 평생 디우의 얼굴 한 번 볼 기회조차 없을지도 모르지만, 나의 작은 도움으로 단 한 명의 어린 소녀라도 거리 아가씨가 되는 것을 막을 수 있다면 큰 보람이 될 것 같았다.

플랜 코리아에 가입하고 후원한 지 몇 년이 흐른 지금, 일곱 살이었던 디우도 어느덧 열 살이 되었다. 유난히 디우가 생각나는 오늘, 그 아이에게 편지를 한 통 써 봐야겠다.

05 짜뚱 예수상

베트남에 오랫동안 머무르자 친구들에게 내가 있는 곳으로 여름 휴가를 오라고 종종 말했다. 호찌민에 오기만 하면 숙식을 제공하고, 필요한 여행 정보도 알려줄 수 있다고 했으나 대부분의 친구들은 베트남에 큰 관심을 보이지 않았다. 하지만 단 한 명의 친구 민수는 프로젝트 기간이 끝나기 직전인 9월 초에 휴가를 내고 베트남에 왔다.

민수가 왔을 때는 마침 내가 오랫동안 숙박하던 호텔에 빈방이 없어서 간부, 임원급이 숙박하는 고급 호텔로 이동한 시점이었다. 침대는 두 사람이 누워도 넉넉할 만큼 큰 사이즈였고, 커튼도 리모컨으로 열 수 있었다. 조식 뷔페는 예전 호텔보다 음식 종류가 다양하고 맛있었다.

Xin chào

민수와 나 모두 예상치 못한 고급 호텔 생활에 무척 만족해했다. 원래 민수의 계획은 호찌민에서 하루만 머물고 하노이까지 올라갈 생각이었는데, 호텔이 매우 만족스러운 나머지 호찌민에서 4일을 머물렀다. 낮 시간 동안 민수는 혼자 시내 관광을 하거나 호텔에서 수영을 하고 책을 읽으면서 시간을 보냈다. 저녁 시간에는 함께 마사지를 받고 커피숍과 호텔 라운지를 다녔다. 몇 달 동안 업무적인 대화만 하느라 입이 근질거렸던 나는 맺혔던 한이라도 풀려는 듯 민수와 폭풍 수다를 떨면서 출장지에서의 새로운 즐거움을 만끽했다.

그러던 중 일요일이 다가왔다. 평소 같으면 급한 일이 없어도 느지막한 시간에 일어나 출근하여 몇 시간이라도 일하는데 민수와 함께 있는 단 한 번의 일요일을 사무실에서 보내기에는 아깝다는 생각이 들었다. 게다가 프로젝트가 마무리되는 단계여서 대부분의 이슈는 정리된 상태였다. 민수도 낮 시간 동안 신 카페를 통해 일일투어를 다녀왔기 때문에 다른 곳에 가 보고 싶다는 생각이 들었다.

어디에 갈까 생각하다 거리가 가까운 붕따우가 떠올랐다. 평소 주재원들이 골프를 치러 가는 휴양지인데 바닷가에서 물놀이도 할 수 있고 짝퉁 예수상도 볼 만 하다는 이야기를 자주 들어서 한 번쯤 가보고 싶었다.

민수와 나는 일요일 첫 배를 타고 붕따우로 갔다. 배가 작아서 속이 약간 울렁울렁했지만, 두 시간 정도는 충분히 견딜 수 있었다. 배에서 내려 제일 먼저 백비치로 향했다. 다른 동남아 국가처럼 바다 색깔이 환상적으로 예쁘다거나 모래가 새하얗다거나 그런 특징은 없었지만 조용하고 한적한 바닷가였다. 백사장을 따라 수십 개의 카바나가 있었는데 영업을 안 하는 것인지, 아직 공사 중인지 이용하는 사람은 한 명도 없었다.

>>> 붕따우해변: 물놀이를 했던 바닷가. 리조트를 짓고 있는지 카바나가 많았음.

우리는 미리 옷 안에 수영복을 입고 와서 겉옷만 벗으면 바로 바다에 뛰어들 수 있었다. 가방을 라커에 넣고 모래사장으로 걸어 들어갔다. 민수와 나는 조개껍데기도 줍고 물장구, 수영도 하면서 즐거운 시간을 보내고 있었다.

한참 놀고 있는데 갑자기 베트남 청년 몇 명이 다가오면서 사진을 같이 찍을 수 있냐고 물어보는 것이었다. 우리가 파란 눈, 노란 머리의 서양인도 아닌데 사진을 찍자는 것이 좀 의아한 생각이 들었다. 하지만 그들 눈에는 우리가 베트남인과는 생김이 다른 외국인일 수도 있겠다는 생각에 "OK"라고 대답했다. 그들은 아주 신이 나서 내 팔짱도 끼고 어깨에도 손을 올리면서 여러 차례 사진을 찍었다.

베트남에서는 피부가 하얗고 통통한 사람을 미인으로 인정한다고 들었는데, 그래서인지 약간 마른 체형의 민수가 2명과 사진을 찍을 동안, 나는 5명의 청년과 사진을 찍었다. 나와 사진을 찍기 위해 가위바위보를 해서 순서를 정하는 남자들을 보니 한국에서 겪어보지 못한 인기에 흐뭇한 마음이 들었다.

바닷가에서 물놀이를 마친 후 '짝퉁' 예수상이 있는 언덕으로 갔다. 예수상은 멀리에서도 한눈에 보여 높은 곳에 있을 것이라고 예상은 했었다. 그래도 입구까지 길이 잘 닦여 있을 것으로 생각했는데 맙소사, 올라가는 길이 전부 계단이었다. 108계단쯤 되어 보이는 층계에 놀랐지만, 일단 헉헉거리며 올라가기 시작했다.

젖은 수영복과 수건을 담은 가방은 점점 무겁게 느껴졌고 햇볕도 뜨거워져서 우리의 어깨는 이미 벌겋게 달아올라 있었다. 다시 내려갈까 하는 생각이 몇 번이나 들었지만, 중간중간에 벤치에 앉아 쉬면서 땀을 식히고 난 후 다시 계단 오르기를 반복하였다. 벤치 옆에는 천사 조각상이 있었는데, 천국으로 가는 계단이 이렇게 고달프구나 싶었다.

거의 한 시간을 걸어 올라가자 예수상 바로 앞에 있는 짝퉁 피에타 조각상이 보였다. 원본 피에타상이 표현한 인체의 부드러운 곡선과 마리아와 예수의 슬픈 표정은 전혀 찾을 수 없었다. 대충 돌을 깎아서 실루엣을 만든 후 세부 조각을 해야 하는데, 그 상태로 마무리 지은 것 같았다.

피에타 조각상을 지나서 예수상에 도달했을 때에도 조각상에서 느껴지는 신성함이나 장인 정신과는 거리가 먼, 짝퉁다운 어설픔이 느껴졌다. 하지만 계속 쳐다보고 있자니 어설픈 예수에서 인간적인 면과 정겨움이 느껴졌다.

짝퉁 예수상의 특징은 동상 안으로 들어갈 수 있으며 예수상의 양어깨 위에 전망대가 있어 붕따우를 한눈에 내려다 볼 수 있는 것이었다. 전망대로 가기 위해서는 한 사람만 겨우 지나다닐 수 있는 좁은 계단을 걸어 올라가야 했다. 오른쪽 어깨에 있는 전망대로 갔을 때 한 쌍의 연인이 있었다. 그들을 방해할 수는 없어 우리는 왼쪽 어깨에 있는 전망대로 갔다.

전망대 역시 한 사람만 겨우 서 있을 수 있을 만큼 폭이 좁아서 민수와 나는 옆으로 나란히 서야 했다. 불어오는 바람을 맞으니 땀으로 축축하게 젖었던 등이 순식간에 시원해졌다. 거칠었던 숨이 잦아들고 땀이 마르자 붕따우의 정경이 한눈에 들어왔다. 베트남 특유의 폭이 좁고 뒤가 긴 양식의 집들도 성냥갑처럼 작

>>> 계단을 다 올라왔을 때 보였던 짝퉁 예수상

>>> 예수상 진입 전에 있었던 짝퉁 피에타

>>> 예수상에서 내려다본 붕따우 시내 모습과 바닷가

게 보이면서 마음이 차분해졌다. 이곳이 현지인들에게만 유명한 곳이어서인지 외부 관광객은 단 한 명도 볼 수가 없었으며, 반대쪽 전망대에 있던 커플도 내려가 버리자 정말 민수와 나, 단둘만 있게 되었다.

천장 없이 뚫려 있는 전망대여서일까, 하늘과 더욱 가까이 있다는 느낌이 들었다. 그로 인해 재미있는 사진도 여러 컷 찍을 수 있었는데 예수상의 손바닥과 내 손을 마주쳐서 하이파이브를 하는, 오랫동안 기억에 남을 사진이었다.

예수상 감상을 마치고 올라왔던 길 그대로 계단을 내려오니 다리가 후들거렸다. 돌아오는 여객선 안에서는 피곤이 밀려와 침까지 흘리며 꾸벅꾸벅 졸았는데, 그 와중에도 '다음번에는 진퉁 예수상을 보러 가야겠다'고 생각했다. 우리나라와 지구 반대편에 있는 나라, 시차도 딱 12시간 차이 나는 브라질의 예수상은 어떤지 갑자기 궁금해졌기 때문이다. 언제 브라질에 갈 수 있을지 예상할 수는 없지만, 짝퉁과 진퉁을 비교해 보는 것도 여행의 재미라는 생각이 들었다.

호찌민에 도착했을 때는 이미 저녁 시간이었다. 민수는 호찌민에 머문 기간이 나보다 짧았지만, 나보다 더 많은 현지 맛집을 알고 있었다. 저녁 식사는 민수의 안내에 따라 이름 모를 현지 음식을 주문해서 먹었다. 식사를 끝낸 후 후식으로 아이스크림까지 먹고 나자 다시 에너지가 솟아났다. 베트남에서의 일정이 며칠 남지 않은 민수를 위해 자주 가던 짝퉁 시장에 갔다. 거기서 우리는 마지막까지 남아 있던 힘을 쇼핑에 불살랐다. 그리고 호텔에서는 완전히 쓰러져 버리고 말았다.

>>> 하이파이브: 예수상 전망대에서 손바닥 마주치기

Tips▸▸

굿모닝 베트남

이 영화가 설레게 했다

◇ 베리 레빈슨 감독의 1987년 영화.
◇ 로빈 윌리엄스(에드리언 크로나워 역) 주연.

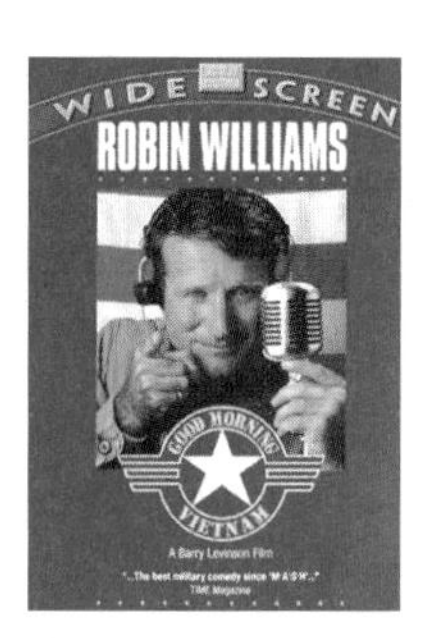

베트남전쟁이 한창이던 사이공에 공군 라디오 방송 DJ로 에드리언이 부임해온다. 그는 장교로부터 규제 사항을 지시받지만, 마이크를 잡자마자 군의 모든 지시를 무시하고, 자신만의 스타일로 방송을 진행한다. 락앤롤 같은 신 나는 노래와 그의 재치와 입담으로 프로그램은 최고의 인기를 얻는다. 하지만 그는 상부층의 반발을 사고 결국 방송국을 떠난다.

베트남전쟁을 다룬 다른 영화처럼 시종일관 진지하지 않고 유쾌하게 볼 수 있는 영화지만, 전쟁에 대한 메시지를 놓치지 않았다.

Tips▸▸

현지 투어 프로그램

◇ 신 카페 웹사이트
https://www.thesinhtourist.vn/
◇ 호찌민 시내 투어 상품

종류	기간	상세 내용
호찌민 시내 관광	1일	오전: 약림사(Chua Giac Lam), 쪼론시장, 빈떠이 시장 (Binh Tay Market), 사이공 강 항구 등 오후: 통일회당, 중앙우체국, 호찌민 시청사 등
꾸찌 터널 관광	한나절	유격전 관련 기록 영화를 보고 전쟁무기박물관을 방문. 베트남전쟁 당시 사용했던 200m 길이의 터널 관광
꾸찌 터널 및 호찌민시 관광	1일	오전: 꾸찌 터널 관광과 동일 오후: 통일회당, 중앙우체국, 호찌민 시청사 등을 관광
카오다이교 본부 및 꾸찌 터널	1일	오전 : 본부를 관광하고 기도 모임 관람 오후 : 호찌민으로 되돌아가는 길에 꾸찌 터널 방문

South Africa

사바나의 **아침**
/남아프리카공화국

01 여행 고수와의 만남

초등학교 시절 나는 손범수 아나운서의 팬이었고, 그가 진행하는 프로그램인 「퀴즈탐험 신비의 세계」를 무척 좋아했다. 동물 영상도 재미있었고, 출연한 연예인들이 퀴즈를 풀 때 내가 생각한 답이 맞는지 틀린 지 비교해보는 것도 쏠쏠한 재미였다.

야생동물의 습성을 소개해주는 프로그램인 「동물의 왕국」을 함께 보면 퀴즈에서 정답을 맞힐 확률이 더욱 높아졌다. 두 프로그램 모두 아프리카의 동물들이 주인공으로 자주 출연했는데, 오프닝 화면에서 물소 떼가 먼지를 일으키며 달려가는 모습은 꽤 인상적이었다. 화면에 잠시 나왔지만, 지프를 타고 동물들과 함께 달리는 모습도 오랫동안 내 머리에 박혀 있었다.

그리고 야영에 대한 환상도 가지고 있었다. 내가 다녔던 초등학교는 우리 집에서 창문을 열면 운동장이 다 보일 정도로 가까운 거리에 있어서 주말에 무슨 행사가 열리는지 쉽게 알 수 있었다.

학교 운동장에서 걸스카우트인 친구들이 갈색 단복을 입고 선서를 외우는 것도, 주말에는 야영하는 것도 부러움의 대상이었다. 토요일 밤마다 텐트를 치고 밥을 직접 해먹고 캠프파이어를 하는 모습을 보면서 '나도 같이하고 싶은데……' 하고 생각했다. 하지만 집안 사정이 넉넉지 않아 부모님께 말도 꺼내지 못하고 포기해야 했다.

야영하고 싶어 빨리 어른이 되고 싶었지만, 초등학교를 졸업하고 중학교, 고등학교로 진학하면서 야영에 대한 로망은 점점 사라졌다.

회사에 입사한 첫 몇 년간은 여름휴가 기간이 일괄적으로 정해져 있어 특별한 사정이 없는 한 그 기간에 쉬어야 했다. 7월 마지막 주 ~ 8월 첫 주 사이에 주말을 포함하여 5일 쉬는 것이 전부였고, 기간이 짧은 만큼 나의 여행지도 일본, 동남아에 국한되어 있었다.

하지만 입사하고 5년이 지나자, 회사 분위기가 조금씩 달라지고 있음을 느낄 수 있었는데 가장 크게 피부에 와 닿은 것이 바로 여름휴가였다. 이제는 휴가 시기를 6월에서 8월 사이에서 선택할 수 있었고 주중 5일을 전부 쉴 수 있는 분위기가 조성되어, 주말을 활용하면 8박 9일 일정도 가능해졌다. 이때부터 세계 지도를 보면서 좀 더 먼 나라로 가고 싶다는 생각을 했다. 게다가 주변에 결혼한 언니, 친구들이 "여행 많이 다녀 봐. 결혼하고 아이 낳으면 꼼짝 못 한다"고 조언하여 먼 나라 여행이 마음에 자리 잡기 시작했다.

언제부턴가 세련된 도시보다는 그 나라 고유의 자연을 느낄 수 있는 곳을 더 좋아하게 되었고, 에버랜드에서 보는 사파리 말고 초원을 달리는 야생 동물을 가까이에서 보는 진정한 사파리 여행을 하고 싶어졌다. 휴가를 길게 쓸 수 있게 되자 가장 먼저 생각한 것이 아프리카

여행이었다. 어린 시절 막연하지만, TV를 보면서 아프리카 사파리 여행에 대한 꿈을 꾸었고, 야영에 대한 로망을 가졌던 것이 떠올랐다.

나에게 아프리카는 세렝게티Serengeti, 킬리만자로Kilimanjaro와 동급이었다. 그곳으로 가기 위해 탄자니아행 항공권을 알아보았는데 홍콩에서 한 번, 남아프리카 공화국에서 또 한 번 비행기를 갈아타야 하는 항로였다. 사파리 여행을 시작하기도 전에 지칠 것 같은 항공 여정이었다. 가수 조용필의 노래처럼 킬리만자로에 정말로 표범이 있는지도 보고 싶었지만 조금은 현실적으로 생각할 필요가 있었다. 그래서 목적지를 돌려 남아프리카 공화국에서도 사파리 여행을 할 수 있는지 알아보기 시작했다.

남아공으로의 유학, 이민을 위한 사전 답사 성격의 여행 프로그램 가운데 나와 같은 직장인을 위한 8일짜리 트럭킹trucking 배낭여행 상품을 발견하였다. 크루거 국립공원Kruger National Park으로 떠나는 프로그램인데 상품 소개 멘트가 아주 매력적이었다. "세계 각국의 배낭여행객들이 함께 문명을 떠나 개조된 트럭을 타고 아프리카의 대자연으로 좀 더 가까이 들어갈 수 있는 여행이며, 제시되는 일정을 기반으로 좀 더 모험적인 선택을 하며 스스로 만들어 갈 수 있는 여행이다. 패키지여행에서 할 수 없는 일들을 펼칠 수 있다. 아프리카를 가장 가까이서 느낄 수 있는 여행이라고도 할 수 있다." 딱 내가 바라던 요소를 모두 충족시킬 수 있는 프로그램이었다.

이 프로그램은 남아공 현지에 있는 노마드 어드벤처 투어라는 여행사의 프로그램을 이용하는 것이어서 일행 없이 나 혼자 예약을 하여도 취소되지 않고 순조롭게 여행을 준비할 수 있었다. 이스라엘 출장을 갈 때에도 혼자 출발했던 경험이 잔걱정을 없애고 대담하게 여행의 범위를 넓히는 데 큰 도움이 되었다.

친구 중에 혹시 같이 여행 갈 사람이 있을까 싶어서 여러 명에게 물어보았지만, 역시나 아무도 없었다. 여자 나이 서른이 가까워지니까 리조트에서 편하게 쉬고 쇼핑을 할 수 있는 여행지를 선호하지 사파리 체험 같은 여행은 인기가 없었던 것이다. 한국에서 남아공에 도착할 때까지는 심심하겠지만, 대신 트럭킹 여행을 시작할 때는 일행이 생길 것으로 생각하고 혼자 여행을 준비하였다.

드디어 남아공으로 출발하는 비행기에 올랐다. 홍콩에서 잠시 내렸다가 비행기를 갈아탔는데, 내 옆자리에 어머니 연배의 아주머니 두 분이 앉아계셨다. 두 분의 복장이 등산복이었지만, '설마, 저 분들도 아프리카에 가시겠어?' 하고 생각했다. 비행기 탑승시간이 밤 11시를 넘긴 시간이었기에 나는 자리에 앉자마자 깊은 잠에 빠졌다.

얼마 동안이나 잠을 잤을까, 옆자리에 앉은 두 분의 목소리가 들리면서 잠에서 깨어났다. 책을 읽으려고 펼쳤지만, 내 귀는 자꾸만 그분들 이야기에 집중하였다. 두 분은 절친한 친구나 자매지간은 아닌 듯했지만 허심탄회하게 이야기를 나누셨고 대화의 소재는 다양하고 끝이 없었다. 예전에 사업하다가 20억 부도가 나서 집을 팔았다가 2년 만에 빚을 갚고 그 집을 다시 샀다는 드라마와 같은 일화부터 시작하여 새로 산 아파트의 부동산 시세가 어떻다는 재테크 이야기, 서른 살 먹은 아들 장가보낼 걱정 등 듣기만 해도 흥미진진했다. 두 분 모두 여행을 많이 다니셨는지 예전에 여행했던 나라로 화제가 바뀌었는데 중국, 일본처럼 가까운 나라는 좀 더 나이가 들어서 가야겠다고 말씀하시는 것이 여행의 내공도 대단한 듯했다.

내가 책을 펼쳐 놓긴 했지만, 페이지가 넘어가지 않고 두 분 이야기를 듣는 것을 눈치채셨는지 나를 대화에 끼워주셨고, 자연스럽게 어디로 여행 가는 길인지 이야기하였다. 그분들은 탄자니아에 있는 세렝게티에 간다고 하셨다. 와, 내가 가려고 했다가 포기했던 그곳을, 비행기를 두 번이나 갈아타야 하는 머나먼 곳을 가시다니……. 체력도 대단하시지만, 나이와 비례하지 않는 그 에너지와 열정에 존경심이 들 정도였다.

게다가 두 분도 예전에 「퀴즈탐험 신비의 세계」를 좋아하셨고, 그 프로그램을 진행한 3명의 MC 중 손범수 아나운서가 최고라고 말씀하셨다. 이런 공통점을 발견하게 되다니 아주 잠깐이나마 내 명함을 드리면서 아드님을 소개해달라고 말할까, 라고 생각도 해봤었다. 그 대신 나의 여행 일정과 내가 가고자 하는 목적지인 크루거 국립공원이 아프리카 최초의 국립공원이라는 것을 알려드렸다.

이런저런 이야기를 나누다 보니 긴 비행시간도 짧게 느껴졌고, 우리는 어느새 요하네스버그Johannesburg에 도착하였다. 나는 목적지에 도착했지만, 두 분은 탄자니아로 가기 위해 다섯 시간이나 비행기를 더 타셔야 했다. 어느새 동지애를 느낀 우리는 서로 무사히 여행을 끝낼 수 있기를 기원하면서 작별인사를 했다.

02 노마드족의 운명

요하네스버그 공항에 도착한 시간은 아침 7시였는데, 게스트하우스에서 공항으로 픽업을 나와서 숙소까지 쉽게 갈 수 있었다. 게스트하우스로 가는 길에 2010 월드컵을 대비하여 한창 공사가 진행 중인 축구 경기장을 볼 수 있었다. 월드컵 시즌에 맞추어 이곳에 다시 올 확률이 없었기에 미리 경기장을 보는 것이 마음의 위안이 되었다.

사파리 투어는 다음 날부터 시작될 예정이며 오늘 하루는 자유 일정이었다. 게스트하우스에 도착하면 어떻게 되겠지, 라는 마음으로 별다른 준비를 안 했는데 막상 예약하려니까 당일 투어는 모두 마감되었다는 것이다. 이런, 아직 오전 8시밖에 안 되었는데 당장 할 거리가 없어 막막했다. 밤 비행기를 타고 와서 졸음도 밀려와 일단 한숨 자고 일어나 생각해보기로 했다.

내게 배정된 방은 싱글 침대가 3개나 있었고, 개미가 몇 마리 보이는 것 빼고는 청결 상태가 양호했다. 이 침대, 저 침대로 옮겨 눕다가 하나를 찜해서 이불을 덮었다. 몇 번 뒤척이다가 잠이 들었다.

얼마 동안이나 잠을 잤을까, 눈을 떠보니 창밖이 어슴푸레하여 저녁인지 아침인지 구별할 수 없었다. 화들짝 놀라서 시계부터 먼저 보았다. 혹시 꼬박 하루 동안 잠을 자서 투어를 놓친 것이 아닌가 싶었는데 다행히 시곗바늘은 저녁 6시를 가리키고 있었다. 최악의 경우는 아니었지만, 여행 첫날은 다 지나간 셈이었다. 피같이 소중한 하루를 몽땅 잠자는 것으로 보내다니……, 그때의 내 심정은 울고 싶을 정도였다. 완전히 어두워지기 전에 가까운 쇼핑몰에 가서 구경이라도 해야 했다.

체크인 카운터로 가서 근처 쇼핑센터를 물어보았는데, 직원이 위치를 알려주면서 이동할 때는 꼭 택시를 타라고 당부했다. 평소 버스 타는 것을 좋아하지만, 요하네스버그의 치안 상태가 좋지 않다는 것을 알고 있었기에 직원 말대로 택시를 이용했다.

저녁 무렵 택시 창밖으로 보이는 풍경은 아침에 공항에서 숙소로 올 때와는 사뭇 다른 모습이었다. 집과 건물 창문에는 쇠창살이 있었고, 현지 사람들은 피부가 연탄처럼 완전히 새카매 얼굴이 제대로 보이지 않았다. 겁이 나서 밥만 먹고 빨리 돌아와야겠다고 생각했다.

여느 나라와 비슷하게 쇼핑몰에는 가전제품 매장, 의류 매장과 식당이 있었다. 남아공은 남반구에 위치하여 우리나라와 계절이 반대였기에 가을옷을 준비했지만, 예상보다 더 쌀쌀한 날씨여서 스웨터를 한 벌 샀다.

옷을 사고 나니 뭔가가 허전했다. 맞다! 온종일 한 끼도 안 먹었던 것이다. 허기가 느껴졌다. 의류 매장 바로 옆에 중식당이 보여 더 생각할 것 없이 안으로 들어갔는데 주인아주머니는 나를 보자마자 중국어로 말을 건네셨다. 당황했던 나는 얼른 한국인이라고 이야기했지만, 한동안 동양인을 만나지 못했는지 그래도 반가워하시며 중국어와 영어를 섞어 말씀하셨다. 볶음밥을 주문했는데, 아주머니는 접시에 고봉으로 쌓아서 담아 주시고는 내 앞자리에 앉으셨다. 나는 이 밥을 다 먹어야 한다는 의무감과 먹을 동안은 말동무를 해 드려야겠다는 사명감을 느꼈고, 이런저런 이야기를 여쭤보기 시작했다.

아주머니는 돈을 벌기 위해 홀로 머나먼 남아공까지 왔는데, 지난 몇 년 동안 중국에 가지 못했고 가족도 만나지 못했다며 눈시울을 붉히셨다. 나를 보니 중국에 있는 딸이 생각난다고 하시는데 아주머니의 외로움과 고생이 느껴졌다. 아주머니를 좀 더 위로해드리고 싶었지만, 나는 중국어로 인사만 하는 수준이었고 아주머니도 영어로 인사만 하는 수준이었다.

영어도 능숙하지 않은데 해외에서 일하시는 아주머니가 더 대단하게 느껴졌다. 건강하시고 사업 잘되시라고 말씀을 드리면서 손을 한 번 꾹 잡아드렸다. 하고 싶었던 말이 전해지기를 바라면서……

다음 날 아침, 드디어 투어가 시작된다. 사파리 차량이 숙소 앞으로 왔고, 차 안에는 3박 4일 동안 여행을 함께할 일행이 이미 타고 있었다. 운전사 한 명, 가이드가 두 명인데 남, 녀 각각 한 명씩이었고 여행하는 사람은 나를 포함하여 4명, 이렇게 일행은 총 7명이었다. 가이드 한 명이 최대 스무 명까지 인솔하는 경우도 보았기에 적은 여행객에 이렇게 많은 가이드가 배정되는 것이 신기했다. 적은 규모라서 사파리 여

>>> 노마드카: 사파리 여행동안 타고 다녔던 특수 제작차

행이 더욱 재미있을 것 같았다.

내가 노마드 카라고 불리는 차에 타자마자 바로 출발했고, 점심시간이 되어 레스토랑에 들어가서야 비로소 서로 인사할 기회가 주어졌다. 남자 가이드는 웨슬, 여자 가이드는 헬렌이었는데 두 사람은 오랫동안 함께 일하여 격 없이 굉장히 친했다. 투어 기간 잠을 잘 때 외에는 온종일 함께 행동해야 하기 때문에 친하지 않으면 일하기 힘들다고 했다. 가장 긴 투어로 58박 59일짜리 아프리카 횡단 투어가 있는데 중간에 싸우기라도 한다면 본인들뿐 아니라 여행객들도 불편함을 느끼기 때문에 가족 같은 분위기가 될 수밖에 없다고 했다.

함께 여행하는 일행 중 커플 한 쌍을 제외하고는 전부 여자였다. 일본인 나오에는 서른 살이 된 딸이 있어 나에게는 정말 엄마와 같은 분이었다. 직업이 교사여서 방학 동안 케이프타운에서 영어를 배운 후 일본으로 돌아가기 전 여행하는 것이라고 했다. 남편과 딸은 회사에 다니기 때문에 함께 여행할 수 없어 언제나 혼자 다닌다하셨다.

덴마크 출신의 커플도 교사였는데 40일째 여행 중이며 이집트에서 여행을 시작하여 아프리카 대륙을 횡단하여 남아공까지 왔다고 했다. 방학 때마다 여행하여 목표한 세계 일주의 80%는 달성했다고 하는

>>> 나오에와 안드레아.
옆모습-스위스인 안드레아,
정면-일본인 나오에

데, 커플인 것도 부럽고 장시간 여행
할 수 있는 시간적인 여유도 부러울 뿐이었다. 학창시절 어른들이 최고의 직업으로 교사를 추천하셨던 이유를 뒤늦게 깨달았지만 이미 늦은 후회였다.

스위스 출신의 안드레아는 조용하고 과묵한 성격으로 환경 관련 NGO 단체에서 일한다고만 이야기하고 더 이상의 말은 없었다.

웨슬은 한국, 일본, 스위스, 덴마크 이렇게 다양한 국적을 가진 사람들로 팀이 이루어져서 앞으로의 3박 4일 일정이 기대된다고 했다. 그는 항상 새로운 사람을 만날 수 있는 가이드라는 직업을 사랑한다고 했지만 나름 특이한 경력의 소유자였다. 처음 가이드로 일을 시작했지만, 이 길이 아니라고 생각되어 그만두고 다른 직장에서 일을 시작했다. 외부에서 보았을 때 안정적이고 좋아 보였던 직장 생활은 그에게 너무나 갑

>>> 덴마크 커플

갑한 구속이었고 결국은 처음 일했던 노마드 어드벤처 투어로 다시 돌아오게 되었다. 가이드라는 직업은 누구의 지시를 받을 필요도 없고 자기가 원하는 대로 일정을 정할 수 있는 최고의 직업이라고, 정착하는 것보다 떠나는 것을 더 즐기는 것을 자신의 '카르마'라고 했다.

나 역시 여행을 좋아해서 일 년에 한 번은 꼭 해외를 나가야 했고 해외 출장도 잦아 역마살이 있다고 생각해서인지 웨슬이 말한 '카르마'가 의미심장하게 다가왔다. 비행기에서 만났던 아주머니 두 분이며, 중국 식당의 사장님, 오늘부터 함께 하게 될 사람들 모두 노마드유목민, 유랑자의 카르마를 타고난 것일까, 하는 생각이 들었다.

여기까지 이야기를 마치고 다시 차에 올랐다. 오늘의 목적지인 팀바바티Timbavati는 요하네스버그에서 450㎞ 떨어진 곳으로 그렇게 먼 곳은 아니지만 도착한 이후부터 나이트 게임 드라이브라는 일정이 기다리고 있었다.

03 나이트 게임 드라이브, 새벽 워킹 사파리

차창 밖으로 바라본 팀바바티Timbavati로 가는 길은 말 그대로 드넓은 초원이었다. 특이한 점은 풀밭 군데군데가 시커멓게 그을리거나 연기가 모락모락 나거나 불이 자작자작 타고 있는 것이었다. 소방차를 불러서 불을 꺼야 하는 것 아닌가, 라고 생각하고 있었는데 웨슬이 눈치를 챘는지 설명을 해 주었다. 지금 보이는 불은 건조한 날씨로 자연 발화된 것으로 'Cold Fire'라고 불리는데 이름처럼 온도가 뜨겁지 않아 노화한 식물만 태우며 불이 난 이후에도 나무 둥치는 남아서 다

>>> cold fire

나이트 게임 드라이브, 새벽 워킹 사파리

시 자랄 수 있다고 했다. 사람이 사는 집이나 건물로 불길이 번지지 않게 막기만 할 뿐 강제로 끄지 않는다고 덧붙였다. 불타는 것을 그대로 내버려 두는 것이 오히려 생태계 유지에 도움이 된다니 신기했다.

그렇게 창밖을 계속 바라보고 있는데 예상치 못한 순간, 코끼리가 시야에 들어오더니 또 기린도 나뭇가지 사이로 불쑥 고개를 내밀었다. 내가 늘 동경하던 그런 풍경이 눈앞에 펼쳐지는 것이 아닌가! 내가 아프리카에 왔음을 진정으로 실감하는 순간이었다.

오늘 밤 머무를 팀바바티 로지lodge에 도착하여 배정받은 방에 짐을 풀었다. 로지 외부는 전통 문양이 그려진 화려한 원색의 벽으로 장식되어 있었고, 방 내부 또한 코뿔소, 암사자 부조 조각상과 도마뱀 그림이 걸려 있었다. 아프리카 대자연과 잘 어울리는 숙소가 마음에 쏙 들었다.

밖이 어둑어둑해지자 나이트 게임 드라이브가 시작되었다. 나이트 게임 드라이브란 저녁 무렵 지프를 타고 산 속으로 이동하여 동물을 보는 프로그램을 일컫는 말이다. 동물이 물이나 먹이를 찾아 움직이는 시기에 사파리 여행을 계획해야 야생동물을 제대로 볼 수 있으며 일 년을 기준으로 본다면 건기인 겨울이, 하루를 기준으로 본다면 저녁과 새벽이 적절한 시기라고 했다. 요하네스버그에서 함께 출발했던 일행뿐 아니라 로지에 숙박하

>>> 팀바바티 로지 내부

는 다른 여행객들도 함께 가이드를 따라 지프에 올랐다.

숲 속으로 들어가자 나선형 뿔을 가진 영양, 쿠두가 가장 먼저 눈에 띄어 시동을 끄고 가만히 바라보았다. 바싹 마른 나뭇가지와 흙 사이에서 먹을 것을 찾다가 고개를 들어 지프를 무심히 보다가 우리가 움직이지 않자 다른 곳으로 이동했다. 제대로 먹지 못하는 것 같아서 안쓰러운 마음이 들었지만, 동물에게 가까이 다가가지 않는 것, 먹이를 주지 않는 것이 여행자가 지켜야 할 수칙이었다. 하지만 쿠두가 안쓰러운 것에는 또 다른 이유가 있었다. 디즈니 만화에서 금방 튀어나온 듯한 예쁜 사슴과 같은 쿠두를 육포로 만들어 먹는다는 것이다. 그 음식을 빌통Biltong이라고 하는데 남아공에서 아주 유명하고 인기가 좋은 음식이라고 했다.

가이드는 지프를 작은 연못가에 세우고 우리 모두 내리게 한 후 연

>>> 나이트 게임 드라이브 일행

못 옆 나무를 가리켰고 그 꼭대기에는 아프리카 대머리 황새Marabou Stork 무리가 있었다. 이 새의 주식은 썩은 고기인데 작은 새부터 죽은 코끼리까지 가리지 않고 먹는다고 했다. 하이에나, 대머리 독수리와 밥을 같이 먹는 식구인 셈이었다. 초원의 청소부 역할이라고 하지만 정감이 느껴지지 않는 것은 어쩔 수 없었다.

해가 산 뒤쪽으로 넘어가 조금 더 어두워지자 동물들이 조금 전보다 활발히 움직이기 시작했다. 가이드는 야간 투시경을 가지고 있어서 움직이는 동물을 쉽게 발견했고, 그가 손으로 가리키면 우리는 어렴풋하게나 동물을 볼 수 있었다. 새끼와 함께 이동하는 어미 코뿔소가 있었는데 어두워서 잘 보이지 않는데도 가이드는 검은 코뿔소 종류라고 알아챘다. 코뿔소는 두 종류가 있는데 어미가 새끼보다 앞에서 걸으면 검은 코뿔소, 그와 반대이면 흰 코뿔소라는 것이다. 가이드가 설명해주는 깨알 같은 정보가 게임 드라이브를 더욱 흥미롭게 했다.

그 외 버펄로와 원숭이도 보였지만 어둠 때문에 일반 카메라로 사진을 찍으면 동물을 구별해 낼 수가 없었다. 가이드가 가지고 있는 야간투시경으로 보아도 분간하기 힘들 정도였다. 아쉽지만 다음 날 더 많은 동물을 볼 수 있을 것으로 기대하고 숙소로 돌아왔다.

다음 날은 걸어 다니면서 동물을 보는 워킹 사파리에 참가하기 위해 새벽 5시 반에 일어났다. 옷을 두껍게 입었지만, 아침은 꽤 쌀쌀하여 따뜻한 차 한 잔을 마셔 몸을 녹인 후 숙소를 나섰다. 워킹 사파리에는 어제와는 다른 가이드가 배정되었고, 새벽에 일어나는 부담 때문인지 단 세 명만 참여했다.

>>> 가이드가 발로 부셔서 보여준 개미집 내부. 따뜻한 열기가 느껴진다.

>>> 가이드가 칫솔 나무로 양치하는 모습을 보여주고 있다.

워킹 사파리는 다른 말로 부시 워킹Bush Walking이라고도 불렸는데, 동물의 발자국과 배설물 자국을 따라 걸으면서 동물과 식물을 함께 관찰하는 것이었다.

가이드는 우선 개미집과 아프리카의 다양한 나무에 대해서 차근차근 설명해 주었다. 나무 옆에 무릎 높이까지 솟은 흙무더기를 가리키며 개미집이라고 했다. 개미집은 꽤 단단하여 가이드가 발로 힘껏 걷어차야만 일부가 부서졌고, 틈 사이로 보이는 수십 개의 작은 구멍들이 베트남 꾸찌 터널을 생각나게 했다. 손을 가까이 대자 따뜻한 열기가 느껴졌는데, 겨울을 나기 위해 열이 잘 보존되도록 지어졌음을 알 수 있었다.

사람 키보다 훨씬 큰 알로에도 있었는데, 이곳에서는 상처가 났을 때 지혈용으로 사용한다고 했다. 또한, 가이드는 전통적인 양치 방법을 선보였다. 칫솔 나무라고 불리는 나무의 가지를 꺾어 질겅질겅 씹으면 한쪽 끝이 벌어져서 칫솔과 같은 형태가 되었다. 그것 때문인지 가이드의 치아는 검은 피부와 비교되어 더욱 하얗고 튼튼해 보였다.

칫솔 나무의 설명을 끝나자 우리는 동물 발자국을 따라 움직이기 시작했다. 목이 길어서 존재를 숨길 수 없는 기린이 바스락하는 소리를 내며 나무 꼭대기의 풀을 뜯어 먹는 것이 눈에 띄었다. 여기저기서 아침 식사를 하기 위한 코끼리, 쿠두, 하이에나 등 여러 동물의 움직임을 볼 수 있었다.

이른 아침부터 한 시간을 넘게 걸었던 우리도 식사하러 숙소로 돌아왔다. 숙소 앞마당에는 멧돼지처럼 생긴 부시 피그Bush Pig 한 떼가 흙먼지를 일으키며 땅을 파고 있었다. 네 발로 걷지만 쏙 들어간 허리라인이며, 짧지만 튼튼한 다리 근육에 약간 겁도 났는데 사람은 헤치지 않는다고 했다. 부시 피그가 떼로 몰려오는 것이 일상적인 모습인지 내쫓지도, 먹이를 주지도 않고 그냥 내버려두었다. 지금은 이른 아침이어서 숲에서 나오는데 사람들이 점점 많아지면 알아서 다시 숲 속으로 돌아간다고 했다. 가이드 말대로 우리가 아침 식사를 하고 나자 부시피그는 모두 가 버리고 없었다.

식사 후 짐을 꾸려 팀바바티를 나와 크루거 국립공원으로 향했다. 안내책자에는 크루거 국립공원이 아프리카 최초의 국립공원이자 동시에 세계 최고의 사파리 관광지이며, 대형 동물 20여 종을 포함하여 1,000여 종의 야생동물이 서식한다고 했다. 또한, 이곳에서는 텐트를 치며 야영하는 것도 포함되어 있어 기대감이 컸다.

공원으로 가까워질수록 전날보다 더욱 많은 동물이 보였다. 옆으로 누워 낮잠을 자는 얼룩말 무리, 엉덩이의 M자 마크가 맥도널드를 생각나게 한다는 임팔라 무리의 뒷모습, 셔터 누르는 사이 잽싸게 도망가 버리는 얼굴 새카만 버빗원숭이 등 차창 밖으로 울타리 없는 동물원이 펼쳐졌다. 동물들을 보기 위해 차량은 천천히 움직였다.

한쪽에는 물웅덩이 하나에 여러 동물이 모여 있는 것이 보였다. 기린은 물을 마시고 코끼리는 코로 물을 빨아들여 등에 뿌리면서 열을 식히고 있었고, 물이 깊은 부분에는 하마가 잠수하고 있었다. 하마는 등의 일부를 물 밖으로 내놓고 있었는데, 그것은 바로 등에 앉은 하마새 때문이었다. 커다란 덩치의 하마에게 그렇게 세심하게 배려하는 모습이 있다니 예상치 못한 반전이었다. 그 모습 때문에 하마가 더욱 친근하고 귀엽게 느껴졌다. 하마의 벌레를 잡아주고 입안의 찌꺼기도 청소해주지만, 그것을 자신의 먹이로 먹는 공생관계는 악어, 악어새와의 관계와도 같았다.

다양한 사파리 프로그램으로 여행은 더욱 흥미진진해졌고, 다음 날은 또 어떤 동물을 보게 될까 기대하였다.

04 동물원이 살아있다

웨슬과 헬렌은 크루거 국립공원에 도착하자 아프리카 빅 파이브 Big Five에 대해 설명해주었다. 빅 파이브란 표범, 사자, 물소, 코뿔소, 코끼리 이렇게 덩치가 큰 다섯 마리의 동물을 가리키는 단어이다. 특히 표범은 현지인조차 평생 동안 단 한 번도 보지 못하는 사람도 많아서 여행하는 동안 다섯 동물을 다 보면 정말 행운이라고 했다. 백수의 제왕인 사자를 무조건 으뜸으로 칠 줄 알았는데 표범을 보지 못하여 아쉬워하는 사람이 많다니 의외였다. 국립공원에 오는 동안 코끼리는 이미 몇 번이나 보았기 때문에 다른 동물을 볼 수 있기를 기대했다.

우리는 국립공원의 남쪽 지역을 탐험할 예정인데 공원이 워낙 큰 규모라서 안으로 들어와서도 차를 타고 이동했다. 길거리에 여러 대의 차량이 멈춰 있으면 그 자리에는 분명 동물이 있는 것이었다. 동물이 시야에 들어오면 더 이상 가까이 가지 않고 소리를 죽인 채 조용히 지켜볼 뿐이었다.

>>> 빅5-사자

제일 먼저 발견한 동물은 누워 있는 암사자 두 마리였다. 노랗게 말라버린 풀들과 사자의 털 색깔이 비슷해서 처음에는 사자인지 알아보지 못했다. TV에서 보았던 것처럼 사냥하는 모습을 보고 싶었지만, 사자는 고개만 잠시 들었다가 귀찮은 듯 다시 눕고는 일어날 생각을 하지 않았다. 그 대신 사자 옆에 놓인 동물의 뼈가 얼마 전 사냥을 하고 그 고기를 뜯어 먹은 흔적으로 보였다.

얼마를 움직였을까, 또 한 떼의 차들이 모여 있어 그곳으로 갔다. 사람들이 숨소리조차 죽이고 있었는데, 사람들 시선 끝은 먼 곳을 응시하는 표범을 향하고 있었다. 표범 특유의 매화꽃 모양의 검은 점무늬 때문에 눈에 금방 띄었다. 표범 역시 달리는 모습이나 사냥하는 모습을 보고 싶었지만, 그건, 희망 사항일 뿐이었다. 나의 실망한 모습을 보고 웨슬이 설명해 주었다. 사자나 표범 모두 낮에는 숲 속이나 나무 그늘에서 쉬고 주로 저녁이나 밤에 움직인다는 것, 그리고 다큐멘터리에서 보았던 극적인 장면은 기자들이 목숨을 내놓고 최고급 카메라로 몇 년 동안 잠복 촬영을 해야 겨우 사냥 장면을 찍을 수 있다고 했다. 그 말에 얼른 수긍하고 지나친 기대는 내려놓은 채 그대로의 모습을 즐기기로 했다.

코끼리, 사자, 표범 이렇게 빅 파이브 중에서 벌써 세 마리의 동물을 본 셈이었다. 운 좋게 세 마리의 동물을 보자 남은 이틀 동안 다섯 마리를 모두 볼 수 있도록 하겠다는 목표가 생긴 듯 가이드는 더욱 활기차게 움직였다. 하지만 금방 어두워지고 있어서 캠핑장으로 먼저 가야 했다.

국립공원 안에 있는 14개의 캠핑장 중에서 우리가 간 곳은 베르그엔 달Berg En Dal 캠핑장이었다. 따뜻한 물과 전기를 쓸 수 있고 샤워장과 쓰레기를 버리는 곳도 있어 캠핑에 편리한 곳이었다.

캠핑장에 도착하자마자 웨슬은 저녁 식사를 요리하기 시작했다. 노마드 카는 겉보기에는 단순히 트럭의 운전석 부분과 고속버스의 뒷부분을 붙인 형태지만, 내부는 조리시설을 갖춘 특수 제작된 차였다. 뒷문을 열면 업소용 대형 냉장고가 설치되어 있고, 선반에 각종 냄비며 조리도구가 구비되어 있었다. 차량 옆면에는 넣었다 뺐다 할 수 있어 식탁으로 쓸 수 있는 기다란 선반이 숨겨져 있었다. 그 외에도 LPG 가스 두 통과 가스레인지까지 있어 훌륭한 이동식 주방이었다.

노마드 카의 변신보다 더 뛰어난 것은 웨슬의 요리 실력이었다. 항상 정해진 시간에 맞춰 요리를 끝냈으며, 매일 다른 메뉴로 따뜻하고 맛있는 음식을 제공하여 저녁 식사 시간에는 모두 손뼉을 치며 환호했다.

식사 후에는 본인이 사용했던 그릇을 직접 설거지했다. 설거지는 매우 간단하게 진행되었는데 접시를 세제 양동이에 한 번 담근 후, 물 양동이에 담갔다 건져 한쪽에 쌓아두면 웨슬이 마른행주로 닦아서 정리하는 것으로 마무리했다. 설거지란 모름지기 수세미로 뽀득뽀득 문

>>> 노마드 카가 부엌으로 변신!!

질러 흐르는 물에 헹궈야 제대로 하는 것인데 대충 물만 적시는 것을 처음 보았을 때는 찝찝함 그 자체였다. 하지만 하루가 지나자 그 모습도 익숙해졌다.

캠핑장에는 어둠이 빨리 찾아왔다. 본인의 기호에 따라 텐트에서 잘 것인지, 추가 금액을 내고 방갈로에서 잘 것인지 선택할 수 있었다. 나오에와 안드레아는 방갈로를, 나와 덴마크 커플은 텐트를 선택했다. 예전에 텐트를 쳐 본 적이 없다고 하자 가이드 두 사람과 운전사가 합심하여서 일 분 만에 뚝딱 텐트를 설치해 주었다. 바닥에서 찬 기운이 올라오는 것을 막아주는 매트를 깔고 그 위에 침낭을 올리자 그럴듯한 잠자리가 완성되었다.

나와 커플의 텐트를 다 설치한 후 가이드와 운전사도 잠자리를 폈는데, 운전사는 어느새 노마드 카 지붕에 올라가 매트와 침낭을 펼쳤다. 차가 워낙 넓고 긴 데다가 철제 울타리까지 있어 떨어질 염려는 없겠지만, 그것을 바라보는 우리는 불안한 마음이 들었다. 하지만 운전사는 높은 곳에서 별을 바라보며 잠드는 것을 무척 좋아해서 차의 지붕을 자신의 전용 침실로 사용한다고 했다. 하기는 나 역시 방 천장과 벽에 야광 별 스티커를 붙여 놓는데 여기서는 쏟아질 듯 가득한 별을 그대로 볼 수 있으니 매일 밤 좋은 꿈을 꿀 것 같았다.

텐트 안으로 들어가려는데 사람들이 신발을 텐트 밖에 놔두면 동물들이 집어간다고 꼭 텐트 안으로 넣으라고 주의를 주었다. 아니나 다를까 사람들이 텐트 안에 들어가고 주변의 불이 모두 꺼지자 어둠 속에서 움직이는 동물의 그림자가 보였다. 약간 무서운 생각도 들었는데 지퍼 손잡이가 안쪽에 있어 동물들이 안으로 들어올 수는 없을 거라며 스스로 다독였다.

텐트에서 야영하니, 어느 때보다 일찍 아침을 맞이하였다. 다른 사람들은 나보다 더 일찍 일어나서 가이드가 피운 화롯불을 쬐고 있었다. 따뜻한 커피와 차, 화롯불에 구운 직화구이 토스트를 아침으로 먹는데 청록색의 반짝반짝 윤나는 털을 가진 버첼스 찌르레기Burchell's Starling가 가까이 다가왔다. 우리가 먹다 흘린 빵 부스러기를 능청스럽게 주워 먹고는 더 이상 먹을 것이 없자 종종걸음으로 사라졌다.

>>> 버첼스 찌르레기

짐을 정리하고 캠핑장에서 나왔다. 웨슬은 빅 파이브의 나머지 두 마리도 꼭 보여주겠다고 했는데, 창밖으로 코뿔소 한 마리가 보였다. 앉아 있던 코뿔소는 우리를 반기듯 일어나더니 어슬렁어슬렁 걸어 다니면서 앞뒤 좌우로 온몸을 다 보여주었다. 무리에 속하지 않고 홀로

있는 동물은 표범 외에 코뿔소가 처음이어서, 예상보다 강한 놈으로 인지했다. 코에 있는 날렵한 뿔을 보니 어렸을 때 장미 가시에 침을 발라 콧등에 붙이고 코뿔소 흉내를 내면서 놀았던 기억이 났다.

>>> 코뿔소

드디어 5 : 5 정확하게 가르마를 가른 듯한 뿔을 가지고 있는 물소를 만났다. 들소 또는 버펄로 등 다양한 이름으로 불리는 물소는 시골의 누렁이처럼 착해 보였다. 물소를 마지막으로 빅 파이브를 다 보았는데, 웨슬은 우리를 위해서 동물들을 시간 맞춰 대기시켜 놓았다는 농담도 잊지 않았다.

우거진 숲 속으로 들어가자 전날보다 더 많은 새를 볼 수 있었다. 남부 아프리카 코뿔새Southern Ground Hornbill, 잔점배무늬수리Martial Eagle, 아프리카뿔매African Hawk-Eagle 등 다양한 새 가운데 이름이 재미난 새도 있었다. 바로 회색도가머리뻐꾸기Gray Go-Away-Bird라는 새인데 울음소리가 고 어웨이Go Away처럼 들린다고 이러한 이름이 지어진 것이다.

새에 대한 상식을 알려주는 가이드는 마치 「퀴즈탐험 신비의 세계」에 자주 출연하셨던 윤무부 박사님을 보는 듯한 느낌이었다. 가이드 모두 FGASAField Guides Association of Southern Africa 소속으로 일반적인 가이드 기술 외에도 동식물에 대한 상식, 역사, 천문학, 생태학 등 다양한 분야를

>>> 남부 아프리카 코뿔새

섭렵하고 있다고 했는데 그들의 전문성은 정말 고개를 끄덕이게 할 만 했다. 3박 4일 일정을 완벽한 여행으로 만들어준 웨슬과 헬렌을 정말 최고의 가이드라고 인정하였다.

05 절망의 끝에서 희망을 피워내다

노마드 어드벤처 투어를 이용한 사파리 여행은 3박 4일 일정이었으며 남아공에서의 첫날과 마지막은 자유 일정이었다. 첫날을 잠자는 것으로 하루를 다 보내버려서 마지막 날은 저녁 비행기를 타기 전까지 시간을 알차게 보내고 싶었다. 마침 반나절 동안 소웨토SOWETO 지역을 관광하는 투어가 있어 그 프로그램을 선택했다.

소웨토 지역은 남서부 마을들South Western Township을 뜻하는 영어 단어를 줄여서 부르는 이름이다. 지역 주민과 국민의 대부분은 "So Where To"라고 부른다던데 팸플릿에 빈민가 투어라고 소개되어서인지 나에게는 소웨토가 '소외되고 외로운 마을'과 비슷하게 들렸다.

투어 차량이 여러 숙소를 돌면서 투어에 참여할 사람들을 태웠고, 사람들이 모두 승차하자 '자부Jabu'라는 이름을 가진 가이드가 자신의 이름이 줄루Zulu, 남아공의 한 종족어로 행복을 의미한다고 소개하였다. 이어 오늘의 코스 중 첫 번째로 소웨토의 흑인 빈민 지역을 간다고 설명했다. 그곳에서 별도의 가이드가 배정될 예정인데 가이드의 지시를 잘 따라야 하며 허락받지 않은 상태에서는 함부로 사진을 찍으면 안 된다고 주의를 시켰다.

이곳은 아파르트헤이트남아공 백인 정권이 법률로 공식화한 인종 분리 정책에 의해 형성된 빈민가이자, 흑인 인권 운동의 상징이 된 지역이라고 했다. 불과 몇십 년 전까지만 해도 흑인들이 백인 거주 지역을 다니려면 통행증이 필요했고, 소지하지 않았을 경우 체포되거나 노예로 일했다고 하는 것이 상상이 안 되었다.

다닥다닥 붙은 판잣집들과 빨래한 옷가지들이 걸려 있는 것을 보니 영화 「디스트릭트 9」의 촬영 장소가 바로 여기구나, 첫눈에 알 수 있었다. 관광용으로 공개된 집이 있어 안으로 들어가 보았더니, 전기도 들어오지 않고 살림살이도 거의 없었다. 아파르트헤이트가 폐지된지 시간이 꽤 흘렀지만, 많은 흑인이 아직 가난과 실업난에 시달리고 있다고 했다. 문득 뉴스에서 들은 우리나라 독립운동가 후손의 삶이 떠올랐다. 선조들이 재산과 목숨을 바쳐 독립운동에 헌신했지만, 정작 그 후손들은 생계유지조차 힘들다는 사실, 그중에는 노숙인이 된 사람도 있다는 사실이 이곳에서 겹쳐져 보였다.

다음으로 간 곳은 어린이집이었다. 지역 자체적으로 운영하고 있는 보육시설과 배움터인 셈이다. 두세 살밖에 되지 않은 듯한 아이들이 스무 명 넘게 있었는데 우리를 보고 반갑게 손을 흔들었다. 콧물 흘린 자국이 여전히 남아 있는 얼굴을 보자 천진난만하고 귀여운 모습에 다들 미소를 지었다. 관광객들이 어린이집 앞으로 모이자 우리에게 보여주기 위해서인지 선생님은 아이들에게 노래와 율동을 시켰다. 아이들의 말을 알아들을 수는 없었지만, 동요 「머리 어깨 무릎 발」을 부르는 것 같았다. 이곳에서는 사진 촬영이 허가되어 아이들의 모습을 마음껏 찍을 수 있었다. 환한 햇살 아래 아이들이 재잘거리면서 웃는 모습은 불편했던 마음을 한결 편안하게 만들어 주었다.

다음으로 두 번째 코스인 레지나 문디 교회Regina Mundi Church로 향했는데 남아공에서 규모가 가장 큰 가톨릭 교회이다. 이 교회 내부에는 상징적인 그림이 두 점 걸려 있는데 첫 번째는 흑인 마리아가 흑인 예수를 안고 있는 그림이었다. 그림 속 주인공의 이름은 블랙 마돈나와 소웨토의 아들Black Madonna & Son of Soweto이라고 했다. 교회에서 흔히 볼 수 있는 아기 예수를 안고 있는 마리아와 비슷했지만, 자세히 보면 피부색 외에도 또 다른 특징이 있었다. 소웨토의 아들인 아기 예수는 한 손에는 작은 십자가를 들고, 다른 한 손으로는 V를 그리고 있었는데 투쟁하여 얻은 승리와 독립을 상징하는 것 같았다.

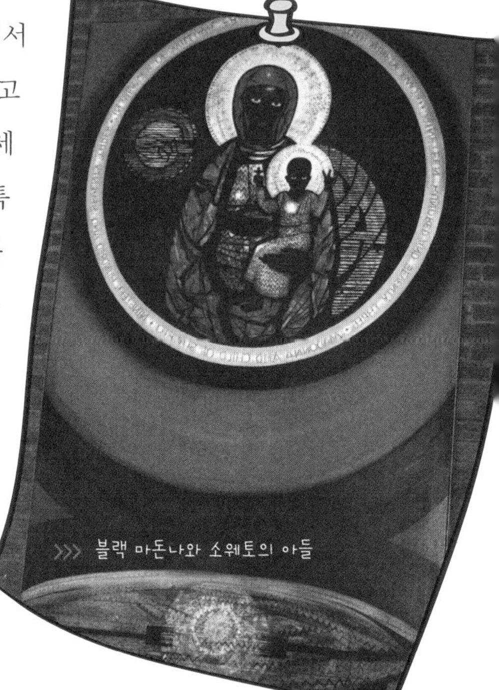
>>> 블랙 마돈나와 소웨토의 아들

두 번째 그림은 남아공의 국기가 그려진 아프리카 대륙을 중간에 두고 백인, 황인, 흑인 등 다양한 피부색의 사람들이 함께 어울려 있는 모습이었다. 그림 안에서 넬슨 만델라 전 대통령과 데즈먼드 투투 Desmond Tutu 대주교[1]의 모습이 보여 이 그림은 평화와 화해의 메시지를 전달하는 것처럼 보였다.

이 교회의 또 다른 특징은 스테인드글라스였다. 스테인드글라스 속 예수는 교회 안에서 보면 백인이지만 밖에서 보면 흑인이었다. 그림과 유리창 하나에도 의미를 부여하여 종교의 입장에서 흑백 갈등을 줄이고자 노력하는 모습을 엿볼 수 있었다.

>>> 교회의 스테인드 글라스. 실내에서 보면 예수가 백인, 밖에서 보면 흑인인 예수.

>>> 헥터피터슨 박물관

다음으로 간 곳은 헥터 피터슨 박물관Hector Pieterson Memorial Museum이었다. 소풍이나 견학으로 자주 오는 곳인지 교복 입은 학생들이 자유롭게 도시락을 먹는 모습이 눈에 들어왔다. 겉으로 보기에는 공원과도 같은 박물관이지만, 이곳은 피 냄새나는 처절한 기억을 간직한 곳이었다.

이 박물관의 이름은 1976년 6월, 학생들의 평화 시위 현장에서 경찰의 발포로 머리에 총상을 입고 사망한 13살 소년 헥터 피터슨의 이름을 따서 지어졌다. 정부의 교육 방침에 반대하는 시위는 이 소년의 죽음으로 학생과 경찰이 충돌하는 유혈사태로 커졌고 그중에서도 어린 학생들의 희생이 컸다고 한다. 흑백 사진에 나타난 피를 흘리며 절규하는 어린 학생들의 모습은 마음 한구석을 찡하게 했다.

투어의 마지막 코스는 넬슨 만델라 하우스였다. 남아공에 대해서 이야기할 때 만델라를 빼놓을 수 있을까. 그는 전 세계를 아우르는 정치적 자유와 화해의 아이콘이기 때문에 그의 집을 방문하는 것은 남아공 여행의 필수 코스나 마찬가지였다.

만델라 하우스는 만델라의 생가는 아니고, 1946년부터 1990년대까지 만델라와 가족들이 함께 살았던 집이었다. 만델라는 20년이 넘는 세월을 옥중에서 보냈기 때문에 본인이 이 집에서 거주한 기간은 매우 짧았다. 하지만 그에게 이 집은 스스로 마련한 생애 최초의 집으로 남다른 애정이 있었기에 자신의 행적을 기리는데 기꺼이 기증했다.

집안 곳곳에는 만델라가 쓰던 가구와 개인 물품, 역사적으로 의미 있는 순간을 담은 사진과 신문 기사가 액자에 담겨 전시되어 있었다. 지금은 전시를 위하여 처음 지어질 당시보다 확장하여 공사했지만 만델라가 사용하던 물건에서 그의 소박하고 검소한 일면을 엿볼 수 있었다.

이곳에 오자 우리나라에서 만델라와 비슷한 행보를 겪은 한 사람이 떠올랐는데 바로 故 김대중 대통령이었다. 오랜 옥고를 치른 이후 대통령으로 당선되고 노벨 평화상을 받는 등 공적인 생활은 비슷했다. 하지만 그 두 사람의 가정생활은 달랐다.

만델라는 수십 년 수감되는 동안 두 번의 이혼을 거쳤고 80세가 되었을 때 세 번째 결혼을 했다. 김대중 대통령도 결혼을 두 번 했으나 이희호 여사와의 결혼 이후 옥중에서도 매일 서신을 교환할 정도로 부부간의 신뢰와 의리가 있었다. 말 그대로 세기적인 러브스토리였다. 예전에는 '그럴 수도 있겠구나' 하고 감흥 없이 받아들였던 사실이 여행을 통해 새롭게 다가왔다.

만델라 하우스를 나오니 소웨토 투어는 끝이 났다. 반일 투어였지만 남아공의 아픈 과거사와 현재를 상징하는 네 곳을 둘러볼 수 있는

코스였다.

남아공에는 치안 문제며 빈부격차, 해결되지 않은 인종차별 문제 등 아직 해결해야 할 문제가 산적해 있지만, 미래가 어둡다고 생각되지는 않았다. 이런 의미 있는 곳을 관광 상품으로 개발하여 외부 사람들에게 알리는 건, 먼저 간 이들의 희생을 기억하겠다는 의지의 반증으로 보였기 때문이다.

나는 이곳에서 창살 안에 갇힌 상태가 아닌 야생의 습성대로 드넓은 국립공원을 활보하는 동물의 자유, 인종차별에 반대하여 인간답게 살고자 하는 인간의 자유 의지 두 가지를 모두 느낄 수 있었다. 자유라는 것은 고유의 본성을 외부 억압 없이 그대로 유지할 수 있는 상태를 말하는 것이 아닐까.

1 데즈먼드 투투(Desmond Tutu): 남아프리카 공화국 성공회 대주교로 1984년에 노벨 평화상을 받은 바 있다.

◇◇

Tips ▶▶

현지 사파리 프로그램

◇ 노마드 어드벤처 투어
http://www.nomadtours.co.za/page/home/

1박 2일부터 58박 59일 아프리카 대륙 횡단 투어까지 다양한 프로그램을 구비하고 있다.
통상 FGASA에 가입된 가이드 2명이 투어를 진행하며 운전, 식사를 담당한다.

◇ 크루거 국립공원의 계절별 특징
◇ 크루거 국립공원 웹사이트
http://www.krugerpark.co.za/

시기	특징
여름 (11 ~ 12월)	우기에 자라는 무성한 초목으로 야생 동물 관찰이 힘들 수 있음. 11월 말 ~ 12월 초는 새 생명이 탄생하는 시기로 새끼 동물과 여름 철새의 이동을 볼 수 있음. 30도가 넘는 온도로 에어컨이 장착된 차량과 숙소를 이용할 것을 추천하며 캠핑은 적절하지 않음.
겨울 (7 ~ 8월)	야생 동물 관찰의 최적기는 건기인 겨울임. 풀의 높이가 낮고 나뭇가지와 이파리가 적어 시야 확보가 용이. 아침과 저녁에 물을 찾아 이동하는 동물을 쉽게 볼 수 있음. 낮 온도는 쾌적하나 일교차가 커서 밤 동안 쌀쌀하여 보온에 주의 필요.

◇◇

◇◇

Tips ▸▸

아웃 오브 아프리카

이 영화가 설레게 했다

◇ 시드니 폴락 감독의 1986년 영화.
◇ 로버트 레드포드(데니스), 메릴 스트립(카렌) 주연.
◇ 동명 소설을 영화화한 작품.

막대한 재산을 소유한 카렌은 아프리카 생활을 동경하여 친구와 결혼을 약속하고 케냐로 간다. 카렌은 케냐에서 커피 농장을 시작하지만, 애정 없이 시작한 결혼 생활은 잦은 부부싸움으로 이어질 뿐이다. 어느 날 사자의 공격에서 자신을 구해준 데니스와 가까워진다.

남편의 외도와 성병은 카렌으로 하여금 이혼을 결심하게 하고, 이혼 후 데니스에게 청혼하지만, 데니스는 그 청혼을 거절한다. 얼마 후 카렌은 데니스가 비행기 추락사고로 죽었다는 사실을 알게 된다.

복엽기에서 내려다보는 폭포와 동물 대이동, 철새가 물 위로 한꺼번에 날아오르는 모습, 해 질 녘 노을 사이로 보이는 동물들의 실루엣 등 아프리카의 대자연이 모차르트 클라리넷 협주곡과 어우러진 아름다운 작품이다.

◇◇

Brazil

우라질네이션
/브라질

01 무모한 도전

"에잇, 우라질! 지금이 몇 시인데 전화하고 난리야!"

오랜만에 승준을 만난 어느 날, 불판에 고기가 지글지글 익어가고 이제 막 한 점을 집어먹으려는 찰나에 그의 휴대폰으로 전화가 오기 시작했다. 휴대폰 액정에 뜨는 번호를 본 후 그 첫마디가 "우라질!"로 시작하면 나도 어떤 내용인지 대충 짐작할 수 있었다. 승준은 새로운 업무로 브라질 거래처를 담당하게 되어 현지 사무실에서 전화가 자주 걸려 왔다. 브라질과 우리나라의 시차는 12시간으로, 저녁부터 전화가 오기 시작하여 자정까지 전화벨이 울리기도 했다. 승준은 잠잘 때, 밥 먹을 때만 골라서 전화 온다며 번호만 보아도 짜증을 냈던 것이다.

"그래도 브라질 담당하니까 기회 되면 출장도 갈 수 있는 거 아냐? 나는 그렇게라도 한번 가보고 싶네."

그 말을 하는 순간 '이번 여름휴가 때 진짜 브라질로 여행을 떠나 볼까?' 하는 생각이 들었다. 승준을 통해 하소연을 자주 들었던 터인지 브라질이 그렇게 낯설고 멀게 느껴지지 않았던 것이다. 나는 출장과 여행으로 어느새 남미를 제외한 6대주[1]에 이미 발자취를 남겼고, 대륙마다 한 나라씩 방문하면 세계 일주를 하는 것과 마찬가지라는 생각을 하고 있었다. 남미가 마지막 남은 고지였고 특히 브라질에 관심을 많이 두고 있었다.

충동적으로 떠오른 생각이었지만, 다른 사람에게는 '우라질네이션'이었던 브라질이, 내게는 가슴 뛰게 하는 여행지가 되었다. 일단 마음속으로는 브라질을 품었는데, 직항이 없는 데다가 경유하는 방법도 다양해서 항공권을 찾는 것이 만만치 않았다. 경유 횟수를 줄이면 이동 시간은 줄어들지만 항공권 가격이 올라가기 때문에 경유 횟수, 가격, 이동 시간을 모두 고려할 수밖에 없었다. 와이페이모어, 월드스팬 등 각종 저가 항공 사이트를 검색하며 적당한 항공권을 찾아보았다.

내가 신청한 휴가 날짜는 다가오는데, 여전히 항공권을 검색만 하고 있자 '너무 무리한 계획을 세운 건가?', '이러다 못 가는 거 아니야?' 하는 불안함이 조금씩 들기 시작했다. 휴가 시작하기 3일 전까지 항공권을 구하지 못하면 브라질 여행은 포기하려고 마음먹고 있던 찰나에 두바이를 경유하는 상파울루행 항공권 1개 좌석이 보였다. 이런 티켓은 클릭 한 번의 순간에도 순식간에 매진되기 때문에 보자마자 예약을 했다. 드디어 브라질행 항공권이 내 손에 들어왔다! 금요일 밤 11시 55분 출발, 그다음 주 일요일 오후 4시 반에 도착하여 9박 10일 일정을 소화할 수 있는 일정이었다.

국제선 항공권을 구매했지만 당장 모레가 출발인데 준비한 것은 아무것도 없었다. 보통 여행을 떠날 때 한국에서 숙소와 일정을 다 예약한 후 출발하는데 혼자 가면서도 무슨 배짱인지 '이제부터 하면 되지'라는 마음이었다. 아마도 잦은 출장을 통해 살아날 사람은 폭탄도 피해 간다, 라고 생각한 것 같았다.

현지 여행사에서 운영하는 투어 프로그램을 찾아 이메일을 보냈지만, 시간이 촉박하여 이번 주 투어는 예약할 수 없다는 답변을 받았다. 브라질에서 한국인이 운영하는 여행사를 찾긴 했는데, 역시 내가 도착하는 토요일에는 영업을 안 한다고 했다. 이때부터 막막함이 들기 시작했다. 여행사를 이용하기는 불가능해 보였고, 현지에 사는 교민이나 남미에 여행을 다녀온 사람들의 블로그를 검색하여 무작정 메일을 보내기 시작했다. 다행히 파라과이에 사는 교민 한 분이 여행코스를 짜 주시면서 본인의 전화번호와 이구아수에 있는 한국인 가이드의 연락처를 알려주셨다. 또한, 브라질은 포르투갈어를 쓰기 때문에 약간의 어려움이 있겠지만, 보디랭귀지로도 충분히 의사소통이 가능하며, 현지인들이 순하고 착해서 너무 걱정할 필요 없다고 안심시켜주셨다. 일단 이 정보만 믿고 출발하기로 했다.

금요일 아침 출근할 때 여행 가방을 챙겨서 나왔고, 퇴근 후 바로 공항으로 향했다. 심야 비행기여서 자리에 앉자마자 잠이 들었고, 두바이 착륙 직전에 잠에서 깼다. 현지 시각으로 새벽 5시였다.

상파울루행 비행기를 탈 때까지 5시간의 시간이 있는데, 공항에만 있기에는 아깝다는 생각이 들었다. 공항에서 발견한 팸플릿에서 낙타 투어, 사막 투어 등 다양한 프로그램을 볼 수 있었으나, 시간이 맞지 않아 이용할 수는 없었다. 그래서 택시를 타고 가까운 시내 한 바퀴를 돌아보기로 했다.

공항 문을 열자마자 한증막과 같은 더운 열기가 코와 입으로 들어왔다. 택시 승강장에는 디지털 시계와 온도계가 붙어 있었는데 현재 33도였다. 해뜨기 전 온도가 그 정도라면 과연 한낮에는 얼마나 이글거릴지 상상만 해도 녹아내릴 것 같았다. 일단 택시를 잡고, 기사에게 시간이 얼마 없으니 유명한 곳 위주로 둘러보고 싶다고 이야기했다. 기사는 나와 같은 관광객을 많이 만나 봤는지 쥬메이라 비치Jumeirah Beach와 버즈 알 아랍Burj Al Arab을 둘러보겠다고 했다. 택시비를 흥정하고 택시에 올라탔다.

쥬메이라 비치에는 이른 아침임에도 불구하고 사람이 많았는데 사람들은 바닷속에 몸을 전부 담그고 머리만 내놓고 있었다. 요트 모양의 7성 호텔, 버즈 알 아랍을 가장 잘 조망할 수 있다고 해서 모래사장을 잠시 거닐었지만, 금방 더위가 느껴져서 택시로 되돌아왔다.

다음으로 버즈 알 아랍으로 이동했다. 보통 호텔을 구경할 때 로비에 들어가서 소파에도 앉아 보고 화장실도 이용하는데, 이 호텔은 숙박하지 않으면 들어가지 못한다는 것이다. 과연 기사 말이 맞을까 의

>>> 쥬메이라비치에 있는 7성 호텔, 버즈 알 아랍

심스러웠지만, 무작정 로비로 들어갔다가 쫓겨날까 봐 입구에서 사진만 찍었다.

짧은 두바이 관광을 마치고 나서 상파울루행 비행기에 올랐다. 기내에서 동양인 여자는 나 혼자인 것 같았다. 그런데 한 승무원이 한국말로 말을 걸어왔다.

"어머, 혼자 브라질에 가시는 여자 분은 처음 뵙네요. 혹시 필요한 것이 있으시면 언제든지 말씀하세요."

그녀는 한국 사람을 오랫동안 만나보지 못했는지 나를 무척이나 반가워했다. 또한 비즈니스석에서 제공하는 와인이라면서 뚜껑을 따지 않은 작은 와인을 4병이나 주었다. 와인과 함께 좋은 여행이 되었으면 한다는 말을 덧붙이는 그녀가 참 고마웠다. 그녀 덕분에 15시간의 긴 비행을 훈훈한 마음으로 올 수 있었다.

금요일 밤 11시 55분에 출발했던 나는 현지 시각으로 토요일 오후 6시 반 상파울루에 도착했다. 인천에서 두바이까지 10시간 15분 비행기를 타고, 5시간 25분을 기다렸다가, 두바이에서 상파울루까지 14시간 55분을 비행기를 타고 날아와서 총 30시간 35분을 이동한 것이다. 출장과 여행을 포함하여 이번 여행이 가장 오래 비행기를 탄 셈이었다.

하지만 여기에서 비행이 끝난 것은 아니었다. 상파울루에서 다시 국내선을 타고 이구아수로 가야 했다. 이메일로 알려준 여행코스에는 밤 비행기를 이용해 이구아수로 이동하면 시간과 일정을 아낄 수 있다고 조언했기 때문이다. 피곤했지만 나는 할 수 있다고 끊임없이 되뇌며 다시 밤 11시 55분 이구아수로 가는 항공권을 구매했다.

국내선 항공권을 구매하자 이제 오늘 밤을 어디에서 지낼 것인지 정할 차례였다. 한국에서 이구아수 인근의 숙소를 알아보았지만, 숙박비가 비싸 선뜻 예약할 수 없어서 공항의 인포메이션 센터를 이용할 생각이었다. 예전에 버스 터미널에서 노숙을 했던 경험도 있으니 최악의 경우에는 공항에서 밤을 보내리라는 각오도 하고 있었다.

비행기를 타기 전까지 남은 시간 동안 숙박을 어떻게 예약할까, 누구한테 도와달라고 부탁해볼까, 생각하던 중 벤치에 앉아 노트북으로 인터넷을 사용하고 있는 사람이 눈에 띄었다. 무턱대고 말을 걸어서 나는 한국에서 혼자 여행을 왔는데 도움이 필요하다, 바쁘지 않으면 이구아수 인근 유스호스텔을 검색해서 예약해 줄 수 있냐고 부탁했다. 궁하면 통한다고 했던가, 자신도 비행기 시간을 기다리고 있었다고 하면서 흔쾌히 해주겠다고 했다. 전화로 호스텔을 예약하고, 구글맵으로 확인하여 공항에서부터 숙소까지 거리와 예상 택시비 가격도 알려주었다. 뿐만 아니라 혹시 도움이 필요하면 자신에게 연락하라며 이름과 전화번호도 메모해주었다.

드디어 오늘 밤 이 한 몸 눕힐 곳까지 정해졌고 이제야 마음이 놓였다. 정말 아무런 대책 없이 항공권 하나만 달랑 들고 날아왔는데 길에서 만난 친절한 분들 덕분에 모든 것이 순조롭게 해결되었다.

1 6대주: 아시아, 유럽, 아프리카, 북아메리카, 남아메리카, 오세아니아.

02 나이아가라가 불쌍해서 어쩌나

이구아수 인근 유스호스텔에 도착한 시간은 일요일 새벽 1시 반이었다. 내게 배정된 방은 6명이 함께 이용하는 도미토리였고, 그중에서 2층 침대를 쓰게 되었다. 꼬박 이틀 만에 처음으로 침대에 눕는 것이었기 때문에 이것저것 따질 겨를 없이 그것마저도 감사했다. 다른 사람들이 잠에서 깨지 않도록 불도 켜지 않고 조용히 침대 위로 올라갔다. 고단한 이틀을 보냈기에 잠이 어느 때보다도 달았다.

다음 날 아침, 배에서 꼬르륵 소리가 울려서 생각보다 일찍 잠에서 깨어났다. 며칠 동안 씻지 못해 찝찝했던 몸과 마음은 따뜻한 물에 샤워하고 나자 훨씬 개운해졌다.

호스텔의 숙박 가격에는 아침 식사도 포함되어 있었는데 가격이 저렴한 만큼 메뉴는 간단했다. 빵, 커피, 과일 한 종류가 전부였고 빵마저 딱딱하게 굳어있었다. 하지만 배고픔만 면할 수 있다면 먹는 것을 까다롭게 가리지 않던 내가 아닌가. 빵을 커피에 적셔 먹고 난 후 투어 담당자가 출근할 때까지 호스텔을 둘러보았다.

새벽에 왔기 때문에 어떤 곳인지 구경조차 못 했는데, 이곳은 100명 가까운 인원을 수용할 수 있을 만큼 규모가 큰 유스호스텔이었다. 방갈로, 도미토리 등 가격대별로 다양한 형태의 객실을 선택할 수 있고, 텐트를 설치 수 있는 캠핑 사이트와 수영장, 바, 취사 공간 등의 편의 시설을 갖추고 있었다. 숙소가 마음에 들어서 지난밤 공항에서 숙소 예약을 도와주신 분에게 더욱 고마운 마음이 들었다.

이구아수 폭포는 브라질, 아르헨티나, 파라과이 3개 나라 국경에 걸쳐 있어서 세 국가 간에는 비자 없이 자유롭게 왕래가 가능했다. 호스텔의 투어 담당자에게 정보를 확인한 후 오늘은 브라질 측 포스 도 이구아수Foz do Iguacu를 내일은 아르헨티나 측 푸에르토 이구아수Puerto Iguazu를 가는 것으로 일정을 잡고 내일의 투어 상품을 예약했다.

예약을 끝낸 후 바로 이구아수 국립공원Parque Nacional Do Iguacu으로 향했다. 국립공원에서 마꾸고 사파리Macuco Safari라는 투어를 할 수 있는데 작은 열차를 타고 폭포 근처까지 간 후 보트를 타고 폭포를 체험하는 투어였다.

열차를 타고 가는 동안 가이드가 국립공원 내에 있는 특이한 야생 식물에 대해 설명을 해주었지만, 나는 팔과 가방에 살포시 앉는 나비에 더 관심이 쏠렸다. 나비를 못 본 지 십 년은 훌쩍 넘은 것 같았는데 꽃 한 송이 없이 울창한 숲 속에 나비가 많다는 것이 신기했다.

열차에서 내려 사진을 찍을 수 있도록 10분 동안의 자유시간이 주어졌다. 투어에 참여하는 사람들 대부분이 일행이 있었으며 동행이 없는 사람은 나 혼자뿐이었다. 다른 사람에게 사진을 찍어달라고 부탁하려는데, 같은 열차를 탔던 동양인 남자 두 명이 사진을 찍어주겠다고 했다. 카메라 앞에서 자연스럽게 손가락으로 브이V 모양을 만들자 두 사람 중 한 명이 나에게 일본인인지 물어보았다. 대체로 일본인들이 사진 찍을 때 브이를 만든다며, 내가 한국인인데도 일본인과 공통점이 있다는 것에 신기해했다. 우리는 서로 사진을 찍어주면서, 자연스럽게 오늘 하루 동안 같이 다니게 되었다.

두 사람은 히로와 히데오인데, 이름도 형제처럼 비슷할 만큼 절친한 사이로, 미국에서 어학연수 중에 만나 친구가 되었다고 했다. 모두 일본인이지만, 히데오는 브라질 이민 2세대로 상파울루에 살며 일본어를 전혀 못 한다고 했다. 두 사람은 일 년에 한 번씩 브라질과 일본을 오가며 함께 여행을 한다고 했는데, 지구 반대편에 친구가 있어 초대하고 초대받을 수 있다는 것이 참 부러웠다.

우리는 열차에서 내려 미니밴으로 갈아타고 비포장도로를 달린 후 고무보트를 타는 선착장에 도착하였다. 바닷가에서 물놀이할 때나 탈 듯한 고무보트를 타고 폭포 근처까지 간다니 긴장감과 기대감으로 가슴이 두근거렸다. 이 고무보트를 나이아가라에서 탔던 '메이드 오브 미스트'에 비교한다면 실제 자동차와 미니어처 자동차만큼이나 크기 차이가 났다.

배를 타기 직전에 무료로 대여해 주는 구명조끼를 입었다. 그 위에 우비를 구매하여 덧입는 사람도 있었지만, 우비를 입어도 어차피 홀딱다 젖게 된다는 글을 읽은 적이 있기 때문에 나는 우비를 구매하지 않았다.

약 20명의 관광객을 태운 고무보트는 폭포를 향해 출발했다. 보트를 운전하는 사람은 안경, 손목시계, 휴대폰, 카메라 등 가벼운 소지품은 폭포 물살에 튕겨 나갈 수 있으니 조심하라고 주의를 주었다. 시원한 바람이 불어왔고, 보트 옆으로 카약을 타며 하류로 내려가는 사람도 보였다. 물살이 잔잔하고 일반적인 강이나 계곡과도 비슷해서 '설마 여기까지만 가는 것이라면 너무 시시한데'라고 혼잣말을 했다. 그 말을 들었는지, 보트 운전사는 이제 빠른 속도로 폭포 근처까지 갈 예정이니 지금 사진을 찍은 후, 카메라를 가방 안으로 넣고 손잡이를 꼭 붙잡아야 한다고 당부했다. 사람들이 카메라를 가방 안으로 넣은 것

을 확인하자 조금 전과는 비교할 수 없이 빠른 속도로 폭포를 향해 돌진했다. 비가 오듯 물보라가 쏟아지고 땅이 갈라지는 듯한 굉음이 들리기 시작했다. 폭포에 좀 더 가까이 다가가자 눈을 뜰 수도 없었고 물이 쏟아지는 소리 외에는 귀가 먹먹하여 옆 사람의 말소리조차 들리지 않았다. 고무보트는 그야말로 풍랑을 맞은 난파선처럼 흔들렸다. 나는 손잡이를 꼭 잡으면서도 보트가 흔들리는 대로 몸을 내맡겼다. 내가 탔던 어떤 롤러코스터보다 스릴 만점이었다.

이구아수 폭포, 나이아가라 폭포, 빅토리아 폭포를 세계 3대 폭포라고 하고, 그중 최고는 이구아수라고 했는데 폭포의 장대함과 그 힘에서 역시 명불허전이라는 생각이 들었다. 루스벨트 대통령의 부인인 엘리노어 루스벨트 여사가 "나이아가라가 불쌍해서 어쩌나"라고 탄식을 내뱉었다고 하는데, 그 말에 전적으로 공감할 수 있었다. 이구아수를 만나고 나서는 다른 폭포에 대한 호기심은 일순간에 사라져 버렸기 때문이다.

폭포수를 있는 대로 맞아 머리카락

>>> 이구아수 폭포

까지 흠뻑 젖어서야 선착장으로 되돌아왔다. 같이 승선한 사람 중에는 안경이 벗겨진 사람도 있었는데, 다행히 안경 목걸이를 미리 준비하여 안경은 목에 매달려 있었다. 물벼락을 맞은 충격에서 아직 헤어나지 못하여 다들 얼떨떨한 표정으로 엉금엉금 기어 나오듯 보트에서 나왔다.

구명조끼를 반납하니, 옷자락 끝에서 물이 뚝뚝 떨어졌다. 흠뻑 젖었기 때문에 미리 챙겨왔던 옷으로 갈아입은 후 히로, 히데오와 함께 전망대를 향해 걸어갔다.

전망대로 가는 길에는 나비와 도마뱀, 까마귀가 우리를 반겨 주었고 피어오르는 물안개가 이구아수의 신비로움을 더했다. 때로는 분무기가 뿌려대듯 튀기는 물방울이 더운 공기를 식혀주기도 했다. 헬리콥터 투어도 있었지만, 그것은 다음으로 기약하고 도보 투어에 만족했다.

전망대까지 다녀오자 히로, 히데오와 헤어질 시간이 되었다. 나는 이구아수에서 하루 더 머물지만, 그들은 내일 아침 리우데자네이루로 이동한다고 했다. 이대로 헤어지기 아쉬웠는지 히데오가 저녁 식사를 같이 하자고 했다. 점심을 거르고 한참 걸어서 배가 고픈 데다가 나는 식당 위치도 모를뿐더러 포르투갈어도 모르기 때문에 무조건 따라가기로 했다.

이들과 함께 간 식당은 브라질식 뷔페였는데 원하는 음식을 접시에 담은 후 그 접시를 저울에 달아 가격을 매기는 방식이었다. 브라질에 가면 꼭 먹어보라는 정통 바비큐 슈하스코도 있었고, 그 외에도 다양한 메뉴가 있었다. 언제 브라질 음식을 또 먹을 수 있을까 하는 마음으로 접시에 수북이 담았다.

계산을 하려는데 히데오가 브라질의 선물이라며 저녁을 사 주는 것이 아닌가. 비행기 티켓만으로도 이미 한 달 치 월급이 넘는 비용을 카드로 긁었기 때문에 그 호의를 도저히 거절할 수가 없었다. 예상치 못하게 대접을 받아서인지 음식 맛은 정말 일품이었다. 가는 곳마다 이렇게 나를 도와주는 사람이 많다니, 브라질이 점점 더 좋아지기 시작했다.

03 Don De Voy, 나는 어디로

이구아수에서의 두 번째 아침이 밝았다. 오늘은 아르헨티나 측 이구아수에 갈 예정인데 국경을 넘어가기 때문에 단체로 움직여야 했다. 유스호스텔은 아르헨티나 측 이구아수로 이동하는 전용 투어 버스를 보유하고 있었다. 버스 의자는 많은 사람을 한꺼번에 태우기 위해서인지 등받이가 있는 나무 벤치였다. 그 의자가 어찌나 딱딱하던지 버스가 출발하고 10분이 지나자 엉덩이와 허벅지에서 쥐가 날 정도였다. 다행히 버스를 타는 사람이 열 명 안팎이어서 다리를 뻗거나 자리를 바꿔 앉아가며 도착할 때까지 겨우 버텼다.

버스에 탄 사람 중 동양인은 나 혼자였고, 나머지는 전부 파란 눈의 외국인이었다. 여행을 갈 때마다 어느 나라에서나 만나볼 수 있는 일본인조차 없었다. 외국인들은 팔뚝에 큰 문신이 있고 팬티가 보이도록 바지를 엉덩이 중간에 걸쳐서 입거나 입술에 피어싱을 하는 등 쉽게 말 붙일 수 있는 상대가 아니었다. 그들이 먼저 나에게 말을 걸어도 왠지 무서울 것 같아 '오늘 하루는 묵언 수행의 날이구나'라고 여기고 차창 밖 풍경으로 시선을 돌렸다.

이구아수는 브라질, 아르헨티나, 파라과이와 국경을 마주하고 있어서, 국경 지대에는 세 국가에서 온 차량으로 언제나 북적였다. 번호판에 국기 국가명이 표시되어 있어서 어느 나라에서 온 차인지 쉽게 알 수 있었다. 아르헨티나 입국 절차는 간단했다. 버스에서 내려 여권을 보여 주고 도장을 받는 것이 전부였다.

입국 후 다시 버스에 올라 국립공원 안으로 들어오면 작은 기차 플랫폼이 나왔다. 나무로 되어 있는 플랫폼의 기둥이며 지붕 처마 끝에 매달린 작은 종은 동요 「학교 종이 땡땡땡」을 생각나게 하는 광경이었다. 기차를 기다리는 동안 넬라 판타지아로 더 알려진 가브리엘의 오보에 연주곡이 스피커에서 흘러나와 더욱 감상적인 기분이 들게 했다.

플랫폼에는 정글의 녹색 기차Tren Ecologico de la Selva, Green Train of the Jungle가 대기하고 있었는데 놀이동산의 어린이용 기차처럼 작고 아담했다. 기내 의자 역시 나무 벤치였

>>> 기차 플랫폼

는데 나의 키에도 무릎을 많이 접어야 할 만큼 높이가 낮았다. 기차는 운치 있게 숲길과 조그마한 냇가 옆을 지나서 종착역에 도착했다.

기차에서 내리자마자 가장 먼저 나를 반겨 주는 것은 역시나 나비였다. 이곳의 나비는 사람을 피하지 않고 오히려 손가락과 가방 위에 사뿐히 앉아 날개를 접고 쉬었다. 어지간한 나비 박물관보다 그 종류와 숫자가 훨씬 다양하고 많아 보였다.

나비의 환대를 받으며 조금 더 걸어가면 물보라가 뭉게뭉게 일어나는 것이 보이면서 폭포에 다가감을 느낄 수 있었다. 곧 엄청난 굉음으로 모든 것을 다 빨아들일 듯한 거대한 폭포, 원래의 이름이 더 매혹적인 가르간타 델 디아블로Garganta del Diablo 즉 악마의 목구멍과 마주했다. 드디어 내가 이곳까지 온 것이다! 악마의 목구멍 앞에 서자 할 말을 잃었다. 저 물 밑에 들어간다면 나 하나쯤은 산산이 부서져 흔적조차 없어질 것 같았다. 자연의 거대함 앞에서 느낀 벅찬 감동과 나의 존재는 아무것도 아닌 미물이라는 생각에 서러운 마음이 들면서 왈칵 눈물이 나왔다.

브라질이 위험하다는 것은 사건을 겪은 사람에게서 직접 들었기 때문에 나 역시 마음 한구석에는 두려움이 항상 있었다. 게다가 출발 직전에 「투리스터스」라는 영화를 보았는데 브라질로 배낭여행을 온 대학생들의 장기를 매매하는 내용을 다루고 있어서 불안감은 더욱 커졌었다.

일행 하나 없이 가족들에게는 출장 간다면서 집을 나섰고 이틀 동안 제대로 누워서 자지도 못하고 고생을 하면서 지구 반대편에 오고 싶어 했던 이유를, 나 역시 알고 싶어서 스스로에게 끊임없이 질문했었다. 이 폭포 앞에 서 있을 때 내가 그렇게 찾아 헤맸던 것은 '자유'라는 것을 알게 되었다. 끊으려야 끊을 수 없는 가족이라는 인연에서 벗어나고 싶어서 세상의 반대편까지 왔던 것이다.

대학교 3학년 때 돌아가신 아빠, 입사하자마자 뇌출혈로 쓰러지셔서 지금은 장애인이 된 엄마, 사업한다고 집도 팔고 나한테 얹혀사는 오빠……. 대기업에 입사하여 경제적으로 독립하면 조금은 평탄할 줄 알았던 나의 청춘은 20대가 끝날 때까지도 너무나 고달팠다. 동기들이 차곡차곡 돈을 모아갈 때, 나는 밑 빠진 독에 물을 붓듯이 끊임없이 병원비와 생활비를 대고 빚을 갚아야 했다.

물론 아프고 싶어서, 실패하고 싶어서 그런 것은 아니지만 가족은 내려놓을 수도 버릴 수도 없이 평생 짊어지고 가야 할 짐이라는 생각에 때로는 한없이 깊은 우울함의 나락으로 떨어질 때도 있었다. 하지만 곧 마음을 추슬렀고 '내가 말해봤자 달라질 수 있는 것은 없다'는 생각에 가족에게 힘든 내색을 보이지 않았었다. 그저 일 년에 한 번씩 해외여행을 다녀오는 것으로, 그 기간만큼은 오롯이 나만을 위해서 휴식을 취하고 힘을 얻었던 것이다.

하지만 이 폭포 앞에 서자 더 이상 참을 수 없었다. 십 년 동안 꾹꾹 눌러 담아 더 이상 존재하지 않는다고 생각했던 서러움과 원망의 감정이 한꺼번에 올라왔다. 나는 어린아이처럼 엎드려 엉엉 소리 내어 울고 말았다.

폭포의 굉음은 나의 울음을 삼켰고 물이 떨어지는 소리 외에는 아무 소리도 들리지 않았다. 얼마나 울었을까, 더 이상 감정의 찌꺼기가 남아 있지 않다고 생각될 만큼 실컷 울고 나자 속이 후련해지면서 물보라 속에서 피어나는 무지개가 눈에 들어왔다. 항상 보영[1]과 함께 있으리라고 상상해 왔는데, 현실은 아휘[2] 홀로 폭포에 있을 때의 슬픔과 멘도사[3]가 밧줄에 돌을 묶어 등에 메고 힘겹게 폭포를 기어 올라가는 데. 원주민이 그 밧줄을 잘라줄 때의 홀가분함이 어떤 것인지 알 수 있을 것 같았다.

영화의 장면을 통해서 상상했던 그 모든 감정이 한바탕 지나가자 가족이라는 무리에서 이탈하여 나 혼자 자유를 즐기는 것에 대한 미

안한 마음과 안쓰러운 마음이 생겨났다. 미우나 고우나 어쨌든 피를 나눈 가족이 아닌가. 한국에 돌아가면 엄마와 오빠에게 좀 더 다정하게 대해야겠다는 마음이 생겨났다.

악마의 목구멍에서 감정을 한꺼번에 폭발시키고 나자 다리에 힘이 풀리고 기운이 빠졌다. 30도가 넘는 날씨에 갈증이 느껴져서 아이스크림을 샀는데, 계산할 때 레알[브라질 화폐]을 내밀었더니 거스름돈을 페소[아르헨티나 화폐]로 받았다. 내가 국경을 넘어왔다는 것을 다시 한 번 느낄 수 있었다.

높은 산책로Circuito Superior와 낮은 산책로Circuito Inferior를 따라 작은 폭포도 감상하였다. 폭포 관람대마다 "울타리 안으로 들어가지 마시오"라는 그림 푯말이 보였다. 좀 더 실감 나는 사진을 찍기 위해 울타리 너머 폭포 가까이 가는 사람도, 자살 충동을 느껴 뛰어내리는 사람도 있어 그런 푯말이 있는 것 같았다.

아르헨티나 측 이구아수의 모든 지점을 다 둘러보려면 꼬박 하루가 걸리는 코스였다. 어느새 저녁 7시, 호스텔로 돌아가는 버스를 타야 할 시간이 되었다. 아침에 같이 출발했던 일행 중에는 브라질로 되돌아가지 않고 이곳에서 아르헨티나 여행을 시작하는 사람들도 있었다. 나도 시간이 좀 더 있었다면 그들처럼 국경을 넘어 파라과이나 아르헨티나로 갔을 텐데, 내일부터 펼쳐질 또 다른 일정을 위해 브라질로 돌아왔다.

저녁 9시가 넘어서야 호스텔에 도착했고 식당이 문을 닫기 전 햄버거와 감자튀김으로 식사를 할 수 있었다. 그리고 엄마에게 안부 전화를 드렸다. 여행을 떠나기 전 출장을 가게 되어 전화를 자주 못한다고 이야기를 했었고, 브라질에 오고 나서 한 번도 전화를 하지 않았다는 것이 떠올랐던 것이다. 여전히 내가 출장 간 것으로 알고 계신 엄마, 그저 밥 잘 챙겨 먹고 몸조심하라고 하시며, 이렇게 세계를 다니는 내가 자랑스럽다고 하셨다. 아까의 감정이 떠올라 다시 한 번 가슴이 먹먹해졌다. 눈물이 나오려는 것을 애써 숨기며 아무렇지 않은 척 다른 이야깃거리로 화제를 돌렸다. 공중전화부스에서 정말 오랜만에 동전을 쌓아두고 엄마와 긴 통화를 하였다. 동전은 점점 줄었지만, 마음 한가득 무언가로 채워지는 것 같았다.

1 보영: 영화 「해피투게더」의 남자 주인공 이름, 장국영 역.
2 아휘: 영화 「해피투게더」의 남자 주인공 이름, 양조위 역.
3 멘도사: 영화 「미션」의 남자 주인공 이름, 로버트 드니로 역.

04 나 홀로 타박타박

아침에 일어나자마자 짐을 꾸리고 리우데자네이루행 비행기를 타기 위해 공항으로 향했다. 이번 여행이 예전 여행과 다른 점은 다른 도시로 이동할 때 비행기를 이용했다는 것이다. 직장인이 된 이후 좋은 점 중 하나는 시간을 아끼기 위해 과감히 비용을 들일 수 있다는 것이 아닐까.

브라질 국내선 항공권 비용은 한국에서 동남아로 갈 때 국제선 비용과 맞먹는 금액이었다. 하지만 이번이 평생 마지막 기회일 수도 있다는 것에 의의를 두고 비행기 탈 때만큼은 계산기를 두드리지 않기로 했다. 버스를 탔다면 23시간이 걸렸을 텐데 비행기를 이용하자 당일 오전 중으로 리우에 도착할 수 있었다.

공항에서 나오자마자 이구아수에서 예약해둔 유스호스텔로 먼저 찾아갔다. 브라질은 물가가 비싸서 항상 유스호스텔을 이용할 수밖에 없었다. 첫날 머물렀던 이구아수 근처 호스텔에서 도시별로 교통이

편리한 호스텔을 확인하고 예약까지 할 수 있어서 큰 어려움은 없었다. 내가 사용할 방은 4인용 도미토리지만 다른 사람이 숙박하지 않아 거의 일인실과 같았다.

리우에서의 추천 여행코스는 늦은 오후 코르코바도 예수상을 본 후 그 맞은편에 있는 팡 데 아수카르Pao de Acucar에 올라가 일몰을 보는 것이었다. 코르코바도Corcovado National Park로 가기에는 아직 시간적 여유가 있어서 코파카바나Copacabana 비치에 먼저 갔다.

코파카바나 비치는 세계적인 관광지, 휴양지로 일 년 내내 관광객으로 붐빈다고 했다. 하지만 사전 조사한 것과는 다르게 수영하는 사람은 거의 없었고 모래사장에서 비치발리볼 하는 사람과 선탠 하는 사람만 몇 명 있을 뿐이었다. 그제야 브라질은 남반구에 위치하여 현재 절기상으로 겨울이라는 것이 떠올랐다. 삼바 축제가 열리는 2월이 여름이라는 사실을 다시 한 번 상기시켰다.

카메라를 어깨에 메고 바닷가를 걸어 다니는데, 지나가는 사람이 나를 보더니 발걸음을 멈추고 알아듣지 못하는 포르투갈어로 말을 걸기 시작했다. 무슨 말인지 이해할 수 없어 고개를 갸우뚱하자 손짓, 발짓으로 실명을 하는데 도난당할 수 있으니 카메라를 보이지 않게 가방에 넣어야 한다는 내용이었다. 나는 이해했다는 의미로 고개를 끄덕이고 그 자리에서 카메라를 가방에 넣었는데 그 사람은 그것까지 다 확인하고 난 이후 원래 가던 방향으로 향했다.

내가 만난 현지인들은 버스 안에서나 거리에서나 길을 물어보면 그냥 지나치지 않고 나에게 설명해 주었고, 알아듣지 못하면 영어를 말할 수 있는 사람을 찾아서라도 알려주었다. 다시 한 번 브라질 사람들의 따뜻한 인심을 느낄 수 있었다.

코파카바나 비치에는 앉아서 쉴 만한 그늘에 벤치가 없었다. 근처 카페로 가서 브라질에서 처음 먹어본 이후 좋아하게 된 아사이Açaí를 한 잔 주문했다. 아사이는 아마존 강 근처의 열대우림에서 자라는 과일로 슈퍼 푸드로 손꼽히는데, 카페에서는 스무디로 만들어 팔고 있었다. 검은색에 가까울 만큼 짙은 보라색 아사이를 숟가락으로 떠먹으면 새콤달콤한 맛이 느껴지는데 블루베리와는 또 다른 맛이었다. 브라질에서 덥고 지칠 때 아사이 스무디는 순식간에 나의 원기를 보충해주었다. 어느 곳에서나 주문하면 컵 위로 솟아오를 만큼 고봉으로 담아서 주었기 때문에 매일 한 잔씩 사 먹었다.

아사이로 기운을 차리고 나서 예수상을 보기 위해 코르코바도 언덕으로 향했다. 코르코바도 언덕은 리우 어디에서든 한눈에 보일 만큼 높았다. 다행히 언덕을 올라가는 관광 열차가 있어 정상까지 걸어가는 수고를 피할 수 있었다. 열차가 '철컥철컥' 레일에 걸리는 소리를 내면서 가파른 언덕을 올라갈 때는 마치 롤러코스터를 타는 것 같았다.

코르코바도 언덕 정상에 오르자 리우가 한눈에 내려다보였다. 나폴리, 시드니와 더불어 세계 3대 미항으로 손꼽히는 리우는 파란 바다와 구름, 구불구불한 해안선으로 경치가 빼어나게 아름다웠다.

하지만 나는 몇 년 전부터 벼르고 별러온 짝퉁과 진퉁의 차이점을 직접 내 눈으로 확인하기 위해 예수상으로 눈길을 돌렸다. 예수상은 마치 리우를 감싸 안은 듯 자애롭게 두 팔을 벌리고 있었다. 구름에 가려졌다가 바람이 불면 다시 그 존재를 드러내는 모습에서 아우라가 느껴졌다. 손바닥에는 못 자국까지 섬세하게 표현된 것에서 짝퉁이 따라가지 못하는 위엄이 어려 있음을 확인할 수 있었다.

예수상은 브라질 독립 100주년을 기념하기 위해 만들어진 것으로 1922년 주춧돌을 놓기 시작하여 1931년에 준공되었고, 1990년에 대대적인 보수공사가 이루어졌다고 했다. 오랜 시간 동안 브라질 국민이 예수상에 쏟은 무한한 애정과 염원을 느낄 수 있었다.

세계적인 관광지답게 주중 오후 시간임에도 불구하고 예수상 근처는 엄청난 사람들이 몰려들었다. 사람을 피해 예수상을 배경으로 나의 독사진을 찍는 것은 불가능에 가까워 사진에 대한 욕심은 내려놓을 수밖에 없었다.

예수상을 감상한 이후 코르코바도 언덕 맞은편에 있는 팡 데 아수카르로 향했다. 제빵용 설탕을 쏟아 부은 듯한 형상으로 영어로는 '슈

>>> 예수상에서 바라본 경치

거로프'라고 불리고 한국어로는 '빵산'이라고 불리기도 한다. 빵산이라……, 단어 자체에서 친근함과 귀여움을 느끼게 해주었다. 어차피 '빵'이라는 단어도 포르투갈어에서 온 것이니 의미 역시 크게 다르지 않았다.

케이블카를 타고 빵산 꼭대기에 올라가면 전망대가 있었다. 역시나 리우의 해안선을 한눈에 내려다볼 수 있고 맞은편의 예수상도 볼 수 있었다. 반대편에서 바라보는 예수상은 구름에 쌓여 실루엣만 보여서 마치 세상에서 가장 큰 십자가처럼 보였다.

이곳 역시 일몰을 보기 위해 기다리는 사람들로 바글바글했다. 해가 떨어질 때까지는 조금 더 시간이 지나야 했는데 친구, 연인과 함께 또는 가족과 함께 온 사람들 사이에서 나 홀로 기다리는 시간은 두 배 이상 더디게 가는 듯했다. 또한 이구아수에서 첫날을 보낸 이후 지금까지 대화 상대가 없어서 말을 거의 하지 않았다는 사실이 떠올랐다. 비록 내가 원해서 여기까지 왔고, 여행 동행을 찾지 못했기에 혼자인 것에 대한 각오는 이미 했으나 살짝 외로움이 느껴지는 것은 어쩔 수 없었다. 속으로 '외로워도 슬퍼도 나는 안 울어' 만화영화 「캔디」 주제가를 부르며 무심히 바닷가 쪽으로 시선을 돌렸다.

해가 서쪽으로 기울면서 산이 점점 붉게 물들기 시작했고 사람들이 카메라를 들어 그 장면을 찍기 시작했다. 나 역시 그 장면을 카메라에도 담았다. 평소 늘 건물 안에서 생활하고 퇴근하면 이미 밤이 되어서 일몰을 보는 것도 일출을 보는 것만큼이나 자주 있는 기회가 아니었던 것이다. 순간 리우가 불타는 듯하더니 해는 곧 산 너머로 사라졌다. 전망대가 일몰을 보기 위한 곳으로 유명하다면 해가 진 이후는 그 수명을 다하는 법이었다. 많은 사람이 내려가는 케이블카를 타기 위해 줄을 섰고, 나도 그 무리에 끼여 호스텔로 돌아가기 위해 발걸음을 재촉했다.

브라질에서 어둠이 찾아온 이후 여자 혼자 있다는 것은 곧 위험에 노출됨을 의미하는 것이어서 서두를 수밖에 없었다. 아침을 먹을 때 TV를 보면 항상 총격, 강도 사건이 뉴스 내용의 대부분을 차지했다. 비록 말은 알아듣지 못하지만 화면을 통해서 사태의 심각성을 충분히 파악할 수 있었던 것이다.

브라질의 밤거리 문화도 궁금하고, 여행에서 알게 된 사람들과 맥주를 마시며 이야기를 나누는 것도 여행의 재미이지만 여기에서는 나의 안전을 최우선으로 여길 수밖에 없었다. 게다가 히데오나 호스텔 직원 역시 저녁에는 혼자 다니지 말고 조심하라는 말을 몇 번씩 했던 것이다. 나는 단체 투어를 가는 경우를 제외하고는 항상 7시 이전에 숙소로 돌아와서 10시쯤 잠자리에 드는 바른 생활을 계속했다.

05 언덕 위에 핀 들꽃, 파벨라

리우데자네이루Rio de Janeiro에서 이틀을 머무르자 꼭 가려고 했던 곳은 다 갈 수 있었다. 그렇다고 이대로 발걸음을 돌려 바로 상파울루로 가기에는 아쉬움이 남아 내가 가보지 않았던 곳을 방문하는 투어 프로그램을 찾아보았다. 세계 최대 규모의 마라카낭 축구 경기장Maracanã Soccer Stadium 투어와 삼바 축제 거리 투어가 있었는데 축구도, 시즌이 아닌 축제 거리도 그다지 흥미롭지는 않았다. 그래서 선택한 프로그램이 로시나Rocinha 파벨라Favela 투어였다.

파벨라는 빈민가를 가리키는데, 빈민들이 언덕에 마을을 꾸릴 때 미을이 만들어지는 속도가 마치 들꽃이 번지듯 빨랐기 때문에 들꽃의 포르투갈어인 '파벨라'라는 이름이 붙여졌다고도 한다. 또 언덕배기마다 집이 빽빽하게 들어찬 모습이 멀리서 보면 활짝 핀 꽃봉오리와도 같아서 이러한 이름이 유래했다는 설도 있다.

현지 투어 상품 이용 시 장점은 가격이 저렴할뿐더러 예약 당일 출

발도 가능하다는 점이다. 미니밴이 숙소를 돌면서 함께 투어할 사람들을 태운 후 로시나 입구에 도착했다. 가이드는 로시나에서 지켜야 할 사항을 몇 가지 알려주었다. 이곳은 경찰도 접근할 수 없는 지역이기 때문에 반드시 가이드가 가는 곳만 따라가야 하며 무리에서 무단이탈 시 사고가 나도 책임지지 않는다고 거듭 강조했다. 또한 사진 촬영도 허가된 곳에서만 가능하며, 주민들을 도발하지 않도록 조심하라고 했다.

로시나 안으로 들어가는 길은 매우 좁고 가팔라 미니밴은 들어갈 수 없고, 오토바이로 갈아타야 했다. 관광객들은 한 명씩 입구에서 대기하고 있던 현지인들의 오토바이 뒤에 타고 비탈길을 올라가서 관광 포인트에서 만났다.

이곳에서도 리우가 한눈에 내려다보였지만, 어제 코르코바도 언덕이나 빵산에서 보았던 광경과는 또 다른 모습이었다. 바다, 하늘과 산은 그대로지만 화려한 고층 건물 바로 뒤에는 게딱지처럼 다닥다닥 판잣집들이 붙어 있었다. 옥상에 있는 파란색 물탱크로 인해 하나하나의 집들을 겨우 구별할 수 있을 정도였다. 세계적인 미항인 브라질에서도 바닷가가 한눈에 보이는 부촌과 도로 하나를 사이에 두고 이런 빈민가가 형성되어 있었다. 생각해보면 우리나라도 타워팰리스와 구룡마을이 나란히 붙어 있지 않은가. 강렬한 햇살은 짙은 그림자를 드리운다는 말이 떠올랐다.

가이드를 따라서 좁은 골목길을 걸어 내려갔다. 창문조차 제대로 없는 집도 많았고 함부로 버려진 쓰레기며, 대충 시멘트로 바른 벽, 복잡하게 꼬여서 축 처진 전깃줄, 미로같이 구불구불한 길을 보면 가이드 뒤를 졸졸 따라갈 수밖에 없었다. 화장실이나 샤워시설이 따로 없는 듯 건물 옥상에서 바가지로 물을 떠서 아이를 목욕시키는 엄마의 모습도 보였다. 빨랫줄에 걸린 빨래며, 옥상 위로 나온 세간 살림들이 '리우의 참 모습은 나야'라고 하면서 속살을 드러내는 것 같았다.

좁은 골목을 지나 어린이집으로 들어서자 아직 제대로 걷지도 못하는 어린 아기들이 우리를 향해 기어 나와 손을 흔들어 주는 것이 아닌가. 긴장했던 관광객들을 순식간에 무장 해제시키는 순간이었다. 사랑스럽고 천진난만한 아이들의 모습에 함께 관광하는 사람들의 얼굴에도 미소가 번졌다. 전 브라질 대통령 룰라, 축구선수 호나우지뉴 역시 파벨라 출신이라고 하던데 이 아이들도 자라면서 스스로 악순환의 고리를 끊을 수 있는 자생력을 길렀으면 좋겠다는 생각이 들었다.

파벨라 투어의 마지막 코스로 그림을 그리는 작업실을 방문했다. 리우의 풍경, 로시나의 모습과 이곳에서 살아가는 사람들의 모습을 주제로 그렸는데, 밝고 화려한 원색의 물감으로 인해 매우 강렬한 이미지였다. 그중에서 가장 인상적인 것은 산꼭대기에서 두 팔 벌린 예수상이 로시나를 굽어보는 그림으로, 예수는 리우의 아름다운 모습 뿐만 아니라 어둡고 추한 모습까지도 다 감싸 안겠다는 메시지를 담고 있어 코끝 찡한 감동이 느껴졌다. 이곳에서는 그림을 구매할 수는 있지만 그림을 사진으로 찍는 것은 금지되어 멋진 그림은 눈으로만 감상하였다.

작업실을 돌아보고 나서 달동네를 배경으로 사진을 찍은 후 투어는 끝이 났다. 남아공에서도 느꼈지만 '빈민가 투어'라는 것에 불편함을 느꼈던 것도 사실이다. 우리나라에도 관광 명소가 된 달동네인 부산 태극 마을, 통영 동피랑 마을에도 투어가 있긴 하지만 벽화로 유명한 만큼 미화된 모습을 보여주지 파벨라처럼 삶의 모습을 여과 없이 드러내지는 않기 때문이다. 하지만 이곳에서는 관광이 파벨라 주민의 주요 수입원인 것을 고려했을 때 자신의 치부를 드러내는 것은 어느 정도 감내하는 것 같았다.

로시나를 마지막으로 리우에서의 일정을 끝내고 이제 파울리스타, 즉 상파울루 시민이 되어 보기 위해 상파울루로 향했다. 국제공항이 있는 도시로 되돌아간다는 것은 나의 여행도 슬슬 끝나간다는 것을 의미했다. 잘 닦여진 도로, 새로 지어진 고층 건물들, 맥도널드, 스타벅스와 같은 익숙한 브랜드들, 국제공항이 있는 도시는 굳이 한국을 벗어나지 않아도 경험할 수 있는 것들이기에 내게 여행지로서의 큰 매력이 없는 곳이었다. 대신 정보는 쉽게 찾을 수 있어서 여행에 어려움은 없었다.

이구아수에서 만났던 히데오는 상파울루에 오면 연락을 하라고 전화번호를 남겼지만, 한창 일할 시간에 전화한다는 것이 마음에 썩 내키지 않았다. 게다가 나는 커다란 배낭을 메고 운동화를 신고 있는 여행자 차림인데, 그는 정장 차림으로 사무실에서 나올 것으로 생각하니 더욱 거리감이 느껴졌다. 그래서 언제나처럼 혼자 파울리스타 에 비뉴Paulista avenue를 걸어 다녔다.

발길 닿는 대로 걸어가던 중 트리아농 공원Parque Trianon을 발견했다. 일반적인 공원이겠거니 하고 들어갔는데 금방 밀림과 같은 울창한 숲이 펼쳐졌다. 정말 도심 한복판에 있는 오아시스와 같은 느낌이었고, 오래된 나무 둥치를 깎아서 만든 듯한 의자와 탁자도 정겨웠다. 공원 입구 간판은 흑백 사진을 배경으로 1892 ~ 2002, 110년이라고 쓰여 있는데, 이 공원의 역사를 알려주는 듯했다. 산책로 중간중간 동상과 흉상이 보여 유명 인물일 것 같았으나, 설명이 없어서 그냥 지나칠 수밖에 없었다.

트리아농 공원

트리아농 공원에서 맑은 공기를 마시고 점심때가 되어 일본인 거리인 리베르다지Liberdade로 향했다. 브라질은 물가가 비싼 데다가 주문하기도 쉽지 않아 식당을 거의 가지 않았는데 일본인 거리로 가면 그나마 익숙한 음식을 먹을 수 있을 것 같았다. 리베르다지 입구에서 본 빨간색 도리이[1]를 봤을 때 제대로 찾아왔음을 알 수 있었다. 거리를 걷는 동양인과 상점에 전시된 만화 캐릭터들이 왠지 반가웠다. 배가

고프니 일단 식당을 찾는 것이 우선순위였다. 일본인 거리와 어울리지는 않지만, 중식당이 보여 들어갔다. 나에게 중식당은 어느 나라에서든 가격 저렴하고 양 많고 마음 편하게 먹을 수 있는 곳이었다. 여기서도 내가 중국인처럼 보였는지 주인이 음식값에서 동전은 받지 않는 정도의 에누리를 해 주었다.

식사를 마친 후 지인들에게 줄 선물을 사기 위해 기념품 가게에 들어갔다. 축구의 나라답게 가슴 중간에 브라질 국기와 축구공이 그려진 티셔츠가 많았다. 여자 조카의 선물은 다음 기회로 미루고 남자 조카를 위해 티셔츠를 색깔별로 샀다. 조카가 자라서 축구선수가 되어 "제가 어릴 때 이모께서 브라질에 여행가셨는데 축구공이 그려진 티셔츠를 선물로 주셨어요. 그때부터 축구 선수가 되고 싶다고 생각했습니다"라고 인터뷰할지도 모르는 일이라고 상상하며 혼자 뿌듯해했다.

숙소로 돌아와 짐을 정리하기 시작했다. 체크아웃하고 리무진 버스를 기다리면서 호스텔에 있는 컴퓨터로 인터넷을 접속했다. 내가 여행을 떠나기 직전까지 정보를 얻었던 여행카페에서 브라질 여행 중이던 여자 2명이 버스를 타고 가다가 돈을 빼앗겼다는 글이 올라와 있었다. 사고를 당한 위치가 자세히 나와 있지는 않았지만 왠지 로시나 인근인 것 같았다. 나는 그 흔한 분실 사고조차 없었고 안전하게 여행을 끝낼 수 있어서 다행이라는 생각이 들었다. 이는 순전히 길거리에서 도와준 이름 아는 사람과 이름 모를 사람들 덕분이었다. 그들에게 감사한 마음이 들었다.

이제 한국으로 돌아가기 위해 40시간에 가까운 기나긴 비행뿐이었다. 일반적으로 돌아가는 길이 훨씬 가깝게 느껴지는데 이들을 꼬박 비행기를 타야 하는 한국과 브라질은 몇 번을 왔다 간다 해도 시간은 줄어들 것 같지 않고 오히려 허리 통증과 지루함이 먼저 생각날 것 같았다. 앞으로 다시는 여기 올 일이 없을 것 같다는 확신에 내가 지나온 모든 발자취에 작별 인사를 하며 비행기에 올랐다.

1 도리이: 전통적인 일본의 문으로 일반적으로 신사의 입구에서 발견됨.

Tips ▸▸ **미션**

이 영화가 설레게 했다

◇ 롤랑 조페 감독의 1986년 영화.
◇ 로버트 드 니로(멘도사), 제레미 아이언스(가브리엘) 주연.

가브리엘 신부는 과라니족 원주민을 개종하기 위해 원주민 지역으로 다가가 오보에 연주를 시작한다. 처음에 신부에게 경계심을 품었던 원주민들은 그 연주에 감동을 받고 점차 그를 신뢰하기 시작한다. 이 시기에 노예 사냥꾼인 멘도사에 의해 원주민 몇 명이 납치, 살해되는 사건이 발생한다.

멘도사는 자신의 애인과 동생이 사랑하고 있다는 사실을 알게 되고 질투심에 불타서 동생을 살해하지만, 죄책감에 스스로 목숨을 끊으려고 한다. 이 소식을 전해 들은 가브리엘 신부는 멘도사를 설득하고, 폭포를 거슬러 올라가면서 고행을 한 멘도사는 원주민들의 용서를 받은 후 신부가 된다. 하지만 시대적 상황은 멘도사에게 원주민을 노예로 만들도록 강요하고 가브리엘 신부와 멘도사는 이에 대한 저항을 선택한다.

영화 음악의 거장 엔리오 모리꼬네가 음악 감독을 맡아 OST로도 유명하다.

Tips▶▶

여행 일정

일정	상세 내용
1일	인천 – 두바이 이동 (인천 출발 23 : 55)
2일	두바이 – 상파울루 – 이구아수 이동
3일	이구아수 도착 (01 : 30) 브라질 측 이구아수 관광
4일	아르헨티나 측 이구아수 관광
5일	리우데자네이루 이동 (코파카바나 비치)
6일	리우데자네이루 관광 (예수상, 빵산 관광)
7일	오전 리우데자네이루 관광 (로시나) 오후 상파울루 이동, 자유 일정
8일	상파울루 관광 (리베르다지, 트리아농 공원, 상파울루 미술관, 상파울루 대성당)
9일	상파울루 – 두바이 이동
10일	두바이 – 인천 이동

TRIP 6
Mongolia

흙 냄새 **바람** 냄새
/몽골

01 남녀혼숙 절대 반대

살사 동호회에서 알게 된 필용은 취미 생활이 다양하여 승마, 스쿠버다이빙, 암벽등반 등 항상 새로운 스포츠를 배우고 있었다. 그중 승마에 대한 열정이 대단해서 메신저로 이야기를 할 때마다 주제는 항상 승마 이야기였고, 나에게도 승마를 같이 배우자고 제안했다. 필용이 승마에 대해 말을 해도 대부분 시큰둥하게 반응했지만, 어느 날 승마인들 사이에서 최고의 로망은 몽골에서 말 타는 것이라는 말을 듣는 순간 내 머릿속에는 말을 타고 푸른 초원 위를 달리는 모습이 떠올랐다. 그때부터 승마에 대한 관심과 몽골에 말을 타러 가고 싶다는 마음이 생겨났다.

그렇다면 승마를 배우고 나서 몽골에 갈 것인가. 필용의 말에 따르면 승마장은 대체로 교외에 있으며 승마 바지며 모자, 구두 등은 차차 준비하면 된다고 했다. 하지만 결국 구매해야 하는 것들이었다. 초급 강습은 2개월 과정이라고 했는데, 비가 내리는 등 날씨가 좋지 않으면 그 기간은 더 길어질 것 같았다. 성질이 급한 나는 일단 몽골에 가면 승마를 배우지 않아도 체험은 할 수 있을 것 같아서 승마를 배우기 전에 여행을 먼저 떠나기로 했다.

친구 중에 몽골에 같이 갈 사람이 있을까 알아보았지만, 역시나 예상했던 대로 아무도 가고 싶어 하지 않았다. 나이 서른이 넘자 오지라는 인식이 강한 몽골에 가고 싶어 하는 친구가 없었던 것이다. 나에게 몽골 여행의 바람을 일으킨 필용조차 휴가 때는 스쿠버다이빙을 하기 위해 동남아 여행을 계획하고 있어서 몽골에 같이 갈 수 없었다.

이번에도 혼자 간다는 마음으로 여행사에도 문의해 보고 정보를 찾아보았지만, 몽골 특성상 혼자 여행하기 힘들다는 사실을 알게 되었다. 교통 인프라가 없어서 최소한 4명이 모여 한 팀이 구성되어야만 여행이 가능하다는 것이다.

혼자 여행하겠다는 생각을 바꾸어서 주변에 나보다 어린 후배와 동생 위주로 몽골 여행에 관심이 있을 만한 사람을 찾아보기 시작했다. 네이버, 다음의 몽골 여행 카페에도 가입하여 내가 여행 가능한 일정과 연락처를 남기고 연락이 오기를 기다렸다. 마침 알고 지내던 동생 J 양이 몽골 여행에 관심을 보였다. 또한 이 시기에 여행 카페에서도 두 명이 같이 여행을 하고 싶다고 연락이 왔다. 이렇게 여행에 필요한 최소한의 인원이 모였다.

그들을 만나서 여행 준비를 함께하려고 했으나 나를 포함한 3명이 직장인이었고 J는 야간 아르바이트를 하고 있어서 시간을 맞추기가 쉽지 않았다. 이메일과 메신저로 일정을 짜고 필요한 사항을 공유한 후 필요한 사항은 각자 준비하기로 했다.

몽골 비자를 만들고, 일정을 맞추어서 항공권도 구매했다. 정보를 찾던 중 한국 여행사보다 가격도 훨씬 저렴하고 프로그램도 알찬 몽골 현지의 투어 프로그램을 발견할 수 있었다. 이메일로 투어 상품과 도착한 첫날의 숙박, 공항 픽업을 예약했다. 이렇듯 여행 준비는 순조롭게 진행되었다.

출발을 열흘 앞두고 함께 여행할 사람들과 인사하는 자리를 갖기로 했다. 1주일 동안 함께 여행할 일행인데 공항에서 바로 만나면 서먹할 것이니 미리 얼굴과 이름을 익혀놓는 게 좋다는 생각에서였다. 여행 카페를 통해서 연락을 했던 2명은 모두 남자였는데 만나기 전에는 약간의 설렘을 가지고 있었다. 남자 2명과 여자 2명, 그리고 일주일간의 여행, 어떤 로맨스가 생기지 않을까 하는 기대가 있었던 것이다. 하지만 그들을 직접 만난 후 나의 기대와 걱정은 순식간에 사라졌고 동성 친구와 같이 편안한 마음으로 여행할 수 있겠다는 생각이 들었다.

어느 날, J 양이 돌연 충격적인 선언을 했다.

"언니, 죄송한데 저 여행 못 갈 것 같아요"

여행 준비를 끝내고 이제 출발만 앞둔 상황에서 갑자기 못 가겠다고 하니 당황스러웠다. 못 간다는 이유도 J의 남자친구 K 군의 반대라는 것이 황당했다. K 군은 나와 J가 함께 여행할 것을 한 달 전부터 알고 있었기 때문에 출발 며칠 전 여행을 반대한다는 것을 이해할 수 없었다.

K가 반대하는 이유는 J와 나 두 사람만 여행하는 것으로 알고 있었는데, 일행 중 남자가 두 명이나 더 있다는 것을 뒤늦게 알게 되었기 때문이었다. 몽골 여행의 특성상 게르Ger[1]에서 함께 생활하는데 그것은

곧 남녀혼숙이 아니냐며 K는 용납할 수 없다고 했다. K의 불쾌한 마음은 이해할 수 있지만, 남의 커플 싸움으로 나의 여행이 끝날 위기였다.

K는 여행을 간다면 헤어지는 것으로 알겠다고 엄포를 놓았고, 결국 J가 여행을 가지 않는 것으로 결론을 내렸다. 나도 속상했지만 커플 싸움에 개입하고 싶지 않아서 더 이상 말을 꺼내지 않았다.

출발하기 5일 전 J가 여행을 가지 않겠다고 하자 남은 일행들은 혹시 나도 여행을 가지 않겠다고 할까 봐 염려하는 것이 눈에 보였다. 이들도 몽골 여행을 가려고 여러 번 시도를 했지만 일행을 구하지 못하여 포기한 적이 있었던 것이다. 나에게 있어 여행은 어떤 일보다 우선순위가 높았기 때문에 다른 사람으로 인해 쉽게 포기하지 않는다며 그들을 안심시켰다.

다시 동행을 구한다는 글을 여행 카페에 올렸지만 계속 남자 회원만 연락을 하는 것이었다. 마지막 순간까지 여자 일행을 구할 수 없으면 처음부터 함께 준비했던 세 명만 여행을 떠나고 투어 비용은 세 명이 나누어서 분담하기로 했다.

그렇게 마음을 비우고 있었는데 출발하기 이틀 전 극적으로 여자 회원에게서 연락이 왔다. 이름도 얼굴도 모르고 오로지 이메일 주소만 알고 있는 상태지만 그렇게 반가울 수가 없었다. 그녀는 하루 만에 비사를 준비하고 항공권을 구매했으며, 출발하는 날 드디어 함께 여행할 일행 모두가 공항에 모였다. 처음부터 함께 여행을 준비한 한스와 무환, 그리고 존재만으로도 반갑고 고마운 동희, 나를 포함한 네 명은 몽골의 수도 울란바토르Ulaanbaatar로 향했다.

우리는 저녁 10시에 공항에 도착했고 미리 예약했던 이드레 게스트하우스에서 픽업을 위해 나와 있었다. 도로에는 불빛이 없어 자동차 창문 너머로 보이는 것은 칠흑 같은 까만 하늘뿐이었다. 게스트하우스에 도착하여 도미토리의 비어 있는 침대를 찾아 잠을 청하고 투어에 대한 것은 다음 날 아침 자세히 이야기하기로 했다.

우리가 예약한 프로그램은 7박 8일 동안 홉스굴Khovsgol Lake을 포함하여 몽골의 북부지역을 여행하는 코스였다. 게스트하우스 사장은 투어 상품에 대한 설명을 한 이후 혼자 여행 중인 일본인 여성과 함께 여행을 하는 것이 가능한지 우리의 의향을 물어보았다. 사람이 추가되면 일인당 부담해야하는 투어 비용이 줄어들어서 우리는 그녀와 함께 여행하기로 했다. 운전기사, 투어 가이드, 한국인 네 명과 일본인 한 명, 이렇게 7명으로 한 팀이 구성되었고, 푸르공[2]을 타고 첫 목적지인 에르덴 조 사원Erdenene zuu을 향해 출발했다.

에르덴 조 사원 인근의 게르에서 하룻밤을 보낸 다음 날 아침이었다. 식사를 마치고 나서 시간이 한참 지났는데도 운전사와 가이드 모두 출발할 생각을 하지 않고 게르 근처를 어슬렁거리고 있었다. 게스트하우스에서 한 명을 더 우리 팀에 합류시키겠다고 연락하여 그 사람이 도착할 때까지 기다린다는 것이었다.

거의 점심때가 되어서야 도착한 사람 역시 일본인 여자였다. 혼자 여행하는 사람 중 남자보다 여자가 훨씬 많다는 것을 다시 한 번 실감했다. 그리하여 한국인 남자 2명과 한국인 여자 2명, 일본인 여자 2명으로 구성되어 여행객 6명과 기사와 가이드가 한 팀을 이루었다.

여행의 묘미는 예상치 못한 일이 일어난다는 것이 아닐까. 문득 K

군이 일행 중 남녀 비율을 알았다면 J 양의 여행을 반대했을까 하는 궁금증이 들었다. J 양은 그 이후 지금까지도 몽골 여행을 가지 못하고 있다.

1 게르(Ger): 몽골 유목민의 이동식 집.
2 푸르공: 러시아에서 만든 승합차.

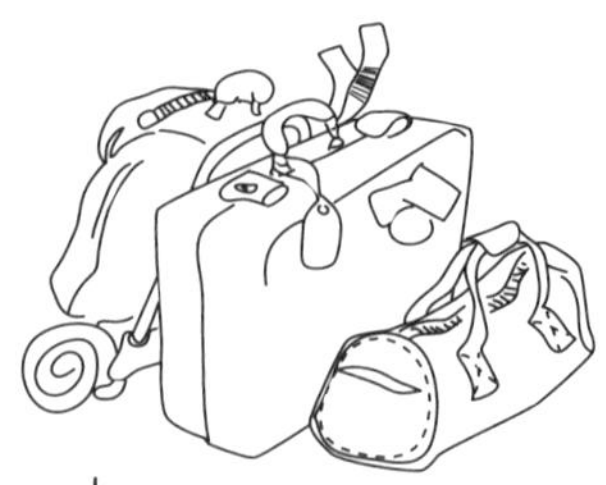

02 몽골, 짐 꾸리기 노하우

여행하기 전부터 몽골은 물이 부족하여 씻는 것이 힘들다는 것, 그리고 화장실 시설이 열악하고 본인이 사용할 휴지는 직접 준비해야 한다는 것을 알고 있었다. 그래서 다른 나라를 여행할 때 보다 짐을 꾸리는 데 좀 더 신경을 많이 썼다. 그중에서 정말 유용했던 아이템 몇 가지는 소개하고자 한다.

1. 노린스 샴푸, 노린스 바디워시

머리를 감거나 샤워하기 힘든 환자용으로 제작된 특수 샴푸와 바디클린저이다. 혹자는 우주 비행사들도 사용하는 제품이라고 한다. 이 샴푸를 마른 머리카락에 뿌리고 두피를 문지르면 거품이 생기면서 세정이 된다. 그 이후 수건으로 닦으면 머리 감기가 끝난다. 바디워시의 사용방법 역시 비슷하다. 물기 없이 마른 샤워 볼에 제품을 뿌리고 비비면 거품이 생기는데 이것으로 몸을 닦은 후 마른 수건으로 한 번 더 닦아내면 샤워도 완료된다. 오빠가 수술 후 입원하는 동안 사용해 본 경험이 있어서 인터넷에서 구입했다.

나는 평소 깔끔한 성격은 아니지만 삼 일째 머리를 감지 못하자 두피가 가려우면서 계속 머리 쪽으로만 신경이 쓰였다. 과연 물 없이 샴푸로만 머리를 감을 수 있는지 궁금해 하는 일행도 있어서 사람들이 보는 앞에서 머리를 감았다. 물론 물로 헹궈내는 것과 비교할 수는 없으나 오랜만에 머리를 감을 때 그 상쾌함과 시원함은 이루 말할 수 없었다. 7박 8일 동안 제품을 세 번 사용하였고 쓰고 남은 제품은 가이드에게 아낌없이 기증했다.

같은 인터넷 쇼핑몰에서 물 없이 양치할 수 있는 치약도 함께 팔았지만 써 본 경험이 없어서 구매하지 않았다.

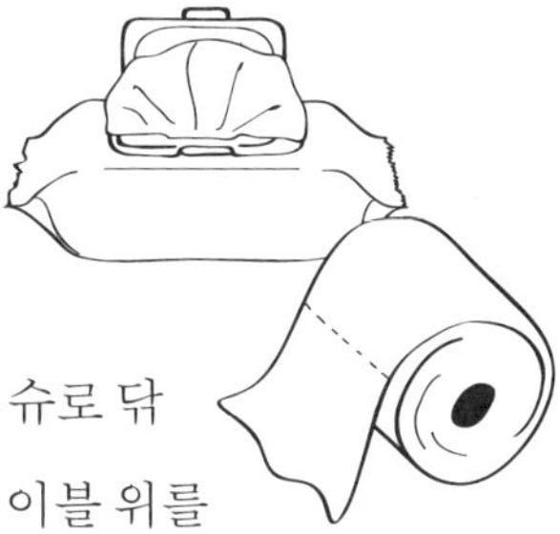

2. 물티슈, 화장지

손을 닦을 때 물티슈를 사용하는 것은 기본적인 용도였고 아침 세수와 발을 씻는 것도 물티슈로 닦는 것으로 대체했다. 행주를 대신하여 식사할 테이블 위를 닦는 것도, 기름기가 묻지 않은 접시와 컵, 숟가락과 포크를 설거지 하는 것 역시 물티슈를 사용했다.

사과를 먹을 때도 물티슈로 닦아서 먹었다. 처음에는 물티슈의 화학 성분을 먹어도 괜찮을까 염려되었지만, 물로 과일을 씻으면 나중에 마실 물이 부족해지기 때문에 어쩔 수 없었다. 이미 설거지용으로도 사용하고 있었기 때문에 소량 섭취는 건강에 문제없을 것이라고 위안을 삼았다.

한국에서 넉넉하게 준비했다고 생각했지만 하루에도 몇 번씩 물티슈를 뽑아 쓰다보면 그 양이 줄어드는 것이 금방 눈에 보였다. 몽골에서는 구매하기 힘든 제품이니 아껴 써야 겠다는 생각이 들기 시작했다. 케이스에서 막 뽑아 깨끗한 상태의 물티슈는 입에 닿는 것에 우선 사용하고 두 번째 순서가 얼굴, 손 그리고 발을 닦는 것이 마지막 순서였다. 그렇게 용도를 다 한 물티슈는 회색으로 변해 너덜너덜해져야만 쓰레기통에 버려졌다.

물티슈보다는 활용도가 덜하지만 화장지도 필요한 아이템이다. 화장실을 제대로 갖춘 곳이 거의 없을 뿐더러 화장실에도 휴지가 없을 가능성이 크기 때문에 당황하지 않으려면 미리 준비하는 것이 좋다.

3. 손전등

지하철에서 물건을 파는 아저씨가 휴대용 독서 등이라고 말했던 천 원짜리 손전등이다. AA 건전지 크기인데 집게가 달려 있어서 책이나 가방, 모자에 쉽게 매달 수 있는 형태였다.

화장실은 보통 게르에서 떨어진 곳에 있었는데 저녁이 되면 불빛 하나 없이 캄캄하여 앞뒤좌우 방향을 알 수가 없었다. 이때 손전등을 옷깃에 붙이고 가면 화장실과 게르의 위치를 확인하는 데 큰 도움이 된다. 또한 형광등 불빛이 약해서 저녁 식사를 요리하거나 설거지를 할 때에도 잘 보이지 않는 경우가 많았는데 챙이 있는 모자에 이것을 붙이면 훨씬 편하게 일할 수 있었다. 손전등 역시 여행이 끝나고 난 후 가이드에게 선물로 주었다.

4. 마스크

몽골은 날씨가 건조해서 차가 달릴 때면 항상 흙먼지가 풀풀 일어났다. 먼지가 어찌나 많은지 귀를 파면 면봉의 색깔도, 코를 풀면 콧물 색깔도 회색이었다. 나는 특히나 알레르기성 비염을 앓고 있어 먼지에 민감했는데 마스크를 쓰고 있으면 콧물, 재채기, 코 막힘 증상이 훨씬 나아졌다. 마스크를 준비하지 않았던 일행은 손수건으로 코와 목을 막아야 했지만 나는 마스크로 간편하게 해결할 수 있었다.

5. 접이식 우산

화창하고 건조한 날씨 덕분에 우산이 필요한 경우는 거의 없었다. 우산은 다름 아니라 노상 방뇨할 때 몸을 가리기 위한 용도로 유용하게 사용하였다. 허허벌판을 달리는 도중에 화장실이 있을 리 만무했다. 남자들은 어느 곳이든 화장실로 이용할 수 있었지만 여자는 그럴 수 없지 않는가. 우산 2개를 앞뒤로 펼쳐서 몸을 가리고 일행 중 여자 한 명이 망을 봐주면 마음 편히 용변을 볼 수 있었다. 노상 방뇨를 이렇게 많이 할 줄 미리 알았더라면 통 넓은 월남치마를 준비했을 지도 모른다.

6. 주전부리와 폴라로이드 카메라

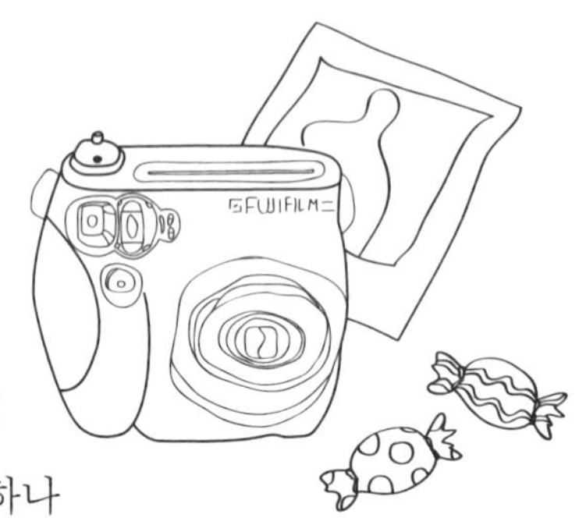

길거리에서 만난 볼이 빨간 어린 아이들, 변발을 하고 있는 소년들을 보면 그 순수하고 귀여운 모습에 무엇이라도 하나 주고 싶은 마음이 생긴다. 주머니에 있던 사탕이며 과자를 아이들에게 하나씩 쥐어주곤 했는데 평소 군것질거리가 없는 아이들에게 사탕과 과자는 천상의 맛이 아니었을까. 어릴 때 할머니께서 벽장에 있던 알사탕을 꺼내 주셨던 것이 기억나면서 할머니의 마음을 이해할 수 있을 것 같았다.

가이드를 비롯하여 휴대폰을 사용하는 몽골인은 몇 명 있었지만, 카메라를 가지고 있는 사람은 거의 없었다. 때문에 폴라로이드 카메라로 사진을 찍어 주면 그렇게 좋아할 수가 없다. 단, 필름 가격이 비싸고 일행 중 단 한 명만이 폴라로이드 카메라를 가지고 있어서 몽골 현지인의 집에 초대받아 대접을 받았을 경우에 사진을 선물로 주었다.

7. 비상 상비약 특히 멀미약

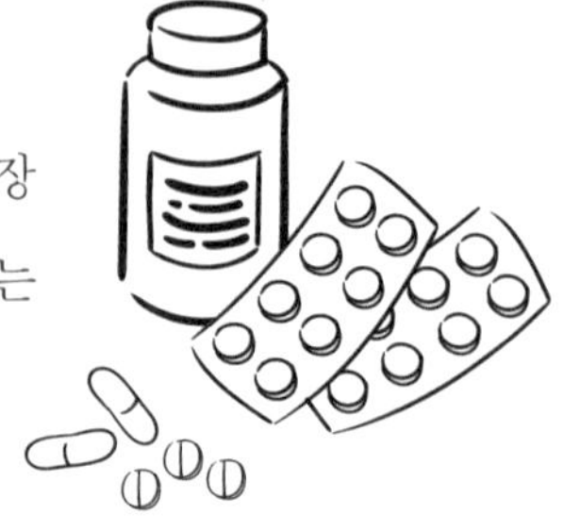

울란바토르만 벗어나면 대부분의 길은 비포장도로였다. 머리가 천장에 부딪힐 만큼 덜컹거리는 차 안에서 오랫동안 역방향으로 앉아 있다 보

면 평소 멀미를 안 하던 사람도 속이 울렁거렸다. 가끔 차의 엔진에서 올라오는 기름 냄새 역시 메스꺼움을 느끼게 했다.

결국 일행 중 한 명이 멀미를 느껴 달리는 차를 세울 수밖에 없었다. 약국이나 상점은 생각할 수도 없는 허허벌판 한 가운데 있어서 할 수 있는 것이라고는 엄지손가락으로 관자놀이를 꾹 누르고 잠시 쉬는 것, 그리고 운전사 옆 보조석에 앉는 것이 전부였다.

몽골 여행의 특성상 여행이 끝날 때까지는 아파도 손을 쓸 수 없기 때문에 멀미약과 비상상비약을 준비하는 것이 큰 도움이 된다.

8. 음악

우리가 선택했던 투어 프로그램은 7박 8일 동안 2200㎞를 움직이는 대장정의 코스였다. 이동하는 도중 유적지에서 관광을 하거나 체험을 할 때도 있지만, 온종일 차로 이동하는 날도 있었다. 길도 표지판도 제대로 없는 벌판에서 라디오 신호가 잡힐 리 만무했으며, 운전기사는 본인이 좋아하는 몽골 가요만 줄기차게 틀어댔다. 이럴 때 휴대폰과 mp3에 저장되어 있는 유행 지난 가요나 팝송이라도 반가운 존재였다. 평소에 음악을 즐겨 듣지 않던 사람이라도 알아듣지 못하는 몽골가요만 반복해서 듣게 되면 익숙했던 음악을 그리워하게 된다.

03 몽골에서 먹고 살기

우리가 7박 8일 동안 타고 다닌 차량은 푸르공이었다. 차의 외관만 보고 평가한다면 푸르공은 참 못생긴 차였다. 엔진이 운전석 바로 아래에 있어 엔진후드가 매우 짧았기 때문에 차의 정면을 보면 마치 앞코가 잘린 코끼리와 같은 모습이었다.

하지만 푸르공은 외모에 비해 성능은 우수한 차였다. 포장도로가 거의 없는 몽골에서 자갈길, 물길, 흙길을 가리지 않고 어디든 잘 달렸다. 흙먼지나 자갈이 끼어 고장이 나는 경우도 많았지만, 구조가 간단해서인지 운전기사가 직접 고칠 수 있었다.

>>> 캠프촌에서 쉽게 만날 수 있는 푸르공

몽골을 종횡무진 다니는 푸르공의 치명적인 단점은 사람이 타기에는 불편하다는 것이다. 설계할 때부터 운전석 외에 뒷자리에는 사람이 탄다는 것을 전혀 고려를 하지 않은 듯 낮은 천장으로 인해 키와 상관없이 모든 사람의 머리가 천장에 닿을 정도였다. 어깨를 구부정하게 숙이거나 엉덩이를 앞으로 쭉 빼서 걸터앉는 등 자세를 낮추지 않으면 차가 덜컹거릴 때마다 이마나 머리가 천장에 부딪히곤 했다. 게다가 손잡이도 없어서 무엇이라도 붙잡고 중심을 잡지 않으면 맞은편에 앉는 사람 쪽으로 쓰러지기 일쑤였다. 의자 등받이의 각도 조절이 되지 않아 등은 항상 90도 각도로 유지할 수밖에 없었다. 푸르공 안에서 가장 상석은 운전석 옆자리 보조석이었는데, 아픈 사람만 탈 수 있었다.

몽골은 인구 밀도보다 양羊 밀도가 더 높다고 하는데, 그만큼 양고기로 만드는 요리도 많았다. 식당에서 현지 음식을 먹을 기회가 두 번 있었는데 양고기 덮밥인 굴라쉬Guliash와 양고기 볶음면인 초이반Tsuivan이었다. 두 요리 모두 밥, 면보다 고기가 훨씬 많았다.

홉스굴에서 머무르는 동안 넓은 부엌을 쓸 수 있고, 시간적으로도 여유로워서 가이드는 튀김 만두와 비슷한 호쇼르Khuushur를 만들어 주었다. 밀가루 반죽을 한 후 다진 양고기와 양파로 만든 만두소를 넣

>>> 호쇼르

어 빚는데 소에도 양파보다 고기가 훨씬 많았다. 호쇼르를 빚을 때는 만두를 빚는 것과 비슷해서 우리도 함께 만들었다. 가이드는 나뭇잎 모양으로 예쁘게 만드는데 우리는 그 모양을 따라 만들기가 쉽지 않았고 옆면이 자꾸 터졌다. 이렇게 빚은 호쇼르를 기름에 튀겨 케첩에 찍어 먹으면 그 맛이 일품이었다.

주전부리로 즐겨먹던 간식은 아롤Aruul이라고 하는 과자였다. 우유를 끓인 후 수분을 제거하고 햇볕에 말려서 만든 과자인데 씹어 먹기에는 이가 얼얼할 정도로 딱딱해서 입 안에 넣고 천천히 녹여 먹어야했다. 첫 맛은 시큼하지만 먹다보면 그 맛이 요구르트와도 비슷하게 느껴졌고 또 변비에도 좋다고 해서 부지런히 먹었다.

몽골에서 가장 많이 먹은 간식은 수테차Suutai tsai와 전통과자인 보르와삭Boortsog이었다. 식당과 게스트하우스, 일반 가정집 등 방문하는 곳마다 우리를 대접할 때면 이 두 가지를 내놓았다.

수테차는 우유를 섞어서 끓인 차고, 보르와삭은 밀가루를 반죽해 튀긴 과자이다. 처음 먹을 때는 아무런 맛도 느껴지지 않는 한 마디로 무無맛이어서 과연 이것을 간식이라고 할 수 있을지 궁금할 정도였다. 하지만 먹을수록 그 담백함과 고소함이 매력적이었다. 손님을 맞이할

>>> 수테차와 보르와삭

때면 인심이 후한 몽골인들은 수테차는 보온병 통째로, 보르와삭 역시 커다란 소쿠리에 담긴 채로 내놓아 항상 배불리 먹을 수 있었다. 지금도 찬바람이 불 때면 따끈한 수테차와 보르와삭이 생각난다.

저녁 식사를 할 때는 알코올 도수 39%의 칭기스 보드카나 전통주 아르히архи를 꼭 곁들였다. 평소 반주를 즐기는 것은 아니지만, 몽골의 밤은 여름이어도 난로를 피워야 할 만큼 쌀쌀했기 때문이다. 한 모금만 마셔도 식도가 타고 귀에서 연기가 나올 듯하다가 곧 온몸이 따뜻해지자 너도나도 한 모금씩 마셨다. 술 한 병이면 일주일을 거뜬하게 지낼 수 있었다.

여행하는 동안 우리가 묵었던 숙소는 몽골 전통 가옥인 게르였다. 여행자용 게르는 구조가 단순해서 중앙에 난로가 놓여 있고 전등 하나, 테두리를 따라 둥글게 놓여 있는 침대 6~7개 가구의 전부였다. 보통 가이드와 운전사는 따로 자고 같이 여행하는 일행 6명이 게르 하나를 같이 썼지만, 운전사와 가이드가 게르에서 같이 잘 경우에는 남자용, 여자용 게르로 나누어서 사용했다.

처음에는 남자들과 함께 게르를 사용하는 것이 신경쓰여 남자용 여자용 나누어서 사용했으면 좋겠다고 가이드에게 말하기도 했다. 하지만 막상 게르를 별도로 사용하자 하룻밤 만에 불편한 점이 드러났다. 그중 견디기 힘든 것은 새벽의 추위였다. 가이드가 자기 전 난로에 불을 지펴 주었지만, 새벽이 되자 불이 꺼졌다. 나는 꺼진 불씨를 다시 살리기 위해 침낭에서 기어 나와 난로에 공책을 찢어 넣고 입김을 불

>>> 여름이라도 밤이 되면 날씨가 추어서 난로에 불을 지펴야 함.

어 보았지만, 연기만 나고 불은 붙지 않았다. 결국 공책 한 권을 다 찢도록 불을 붙이지 못했고, 추위에 뜬 눈으로 밤을 보내야 했다.

남자들과 함께 게르를 사용할 때는 난로의 열기가 밤새도록 후끈후끈하여 침낭의 지퍼를 내려야 할 정도였는데 그것은 남자들이 돌아가면서 난로의 불이 꺼지지 않도록 땔감을 계속 넣었기 때문이라는 것을 알게 되었다. 그 이후부터는 혼성 게르를 사용하는 것에 대한 불만이 사라졌다.

여행을 오기 전 봤던 다큐멘터리에서 몽골에서는 불을 피울 때는 말린 말똥을 사용한다고 보았기 때문에 여행 중에 실제로 말똥을 사용하는지 궁금했다. 하지만 가이드는 항상 나무를 사용하여 말똥 땔감을 구경하지 못한 것이 좀 아쉽기는 했다.

몽골 여행을 논할 때 결코 빼놓을 수 없는 것 중 하나는 바로 화장실이었다. 화장실은 항상 게르와 먼 곳에 있었고 양변기 화장실을 갖춘 곳도 있었지만 그런 곳은 극히 드물었다. 대부분은 예전 시골에서나 볼 수 있었던 재래식 화장실이었고 발판 사이가 넓어 쪼그려 앉기 힘든 구조였다. 화장실 문이 잠기지 않거나 문조차 없어 뚫려 있는 곳도 많았다. 전등도 없어서 특히 밤에 화장실을 갈 때면 어릴 때 자주 들었던 것처럼 변기 밑에서 "빨간 휴지 줄까, 파란 휴지 줄까"라고 말하는 귀신이 나올 것만 같았다.

그런 화장실을 처음 맞닥뜨렸을 때 경악을 금치 못했다. 아무 곳이

나 화장실로 쓸 수 있는 남자들이 그저 부러워할 뿐이었다. 화장실에 가는 횟수를 최소화하기 위해 가능한 물을 마시지 않았다. 하지만 생리 현상을 더 이상 참을 수 없는 시점에 이르자 노상 방뇨를 하기 시작했다.

시작하는 두려움만 극복하면 그 이후부터는 쉬워졌다. 처음에는 민망하기도 하고 혹시 누가 볼까봐 마음이 불안했지만, 노상 방뇨가 익숙해지자 야외가 화장실보다 훨씬 쾌적하다는 것을 알았다. 우산으로 몸을 가리고 볼 일을 본 후 사용한 휴지는 라이터로 불태워 뒤처리까지 깔끔하게 마무리했다. 결국 여행 후반에 이르러서는 여자들도 모두 노상 방뇨를 했는데 서로 망을 봐주고 몸으로 가려주자 예전보다 더 친해진 것 같았다. 볼 일을 보면서 주변을 바라보면 파란 하늘과 두둥실 떠 있는 구름, 그리고 펼쳐진 녹색 풀밭이 마치 윈도우즈 바탕화면과도 같은 풍경이었다.

몽골에서는 열악하고 불편한 점이 많았지만 그것을 감수할 마음을 하고 여행을 왔기 때문에 불평하는 사람은 없었다. 오히려 불편한 점이 옛 시절 향수를 자극했고, 자연에 좀 더 가까워진 느낌을 받을 수 있었다.

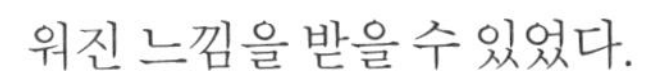

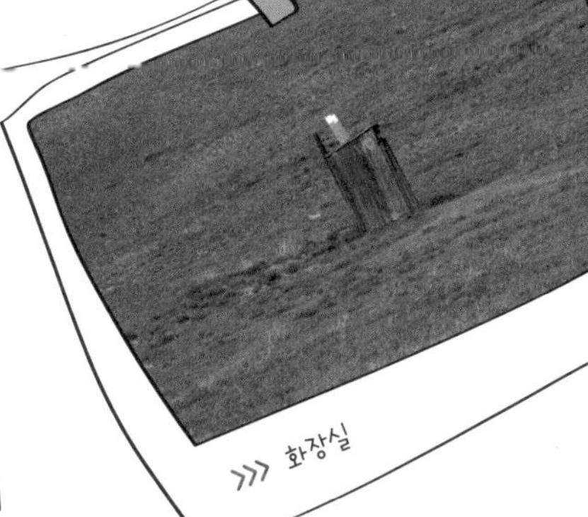

>>> 화장실

04 조랑말, 하늘 날다

우리가 선택한 투어 프로그램에는 바얀 고비에서 낙타 타기와 홉스굴에서 승마 체험이 포함되어 있었다. 낙타 타기와 승마 모두 처음 해 보는 것이어서 다들 기대가 컸다.

바얀 고비는 모래와 초원이 함께 있는 지역으로 사진 찍는 각도에 따라서 사막 한복판에 있는 분위기를 연출할 수 있었다. 낙타를 타고 모래 위를 걸으면 그야말로 사막까지 체험하는 셈이었다.

실제로 본 낙타의 모습은 속눈썹이 엄청 길었으며 콧구멍도 크고 맷돌을 돌리듯 아래턱을 움직여가면서 무엇인가를 계속 씹고 있었다. 시골에서 보았던 소와 생김이 비슷한 데다 무릎을 꿇고 앉아 있으니 더욱 착하고 순해 보였다.

이곳의 낙타는 쌍봉낙타로 혹과 혹 사이에 안장이 걸쳐져 있는데, 거기에 올라타 앉으면 가이드가 고삐를 흔들었다. 낙타는 꿇었던 무릎을 펴고 일어서는데, 이때 앞발을 먼저 폈다가 뒷발을 일으켜 세우기 때문에 내 몸도 앞뒤로 크게 흔들렸다. 예상치 못한 흔들림에 떨어지지 않도록 낙타 혹을 꼭 끌어안아야 했다.

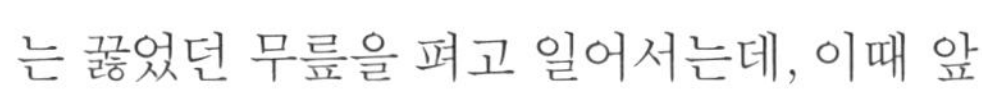

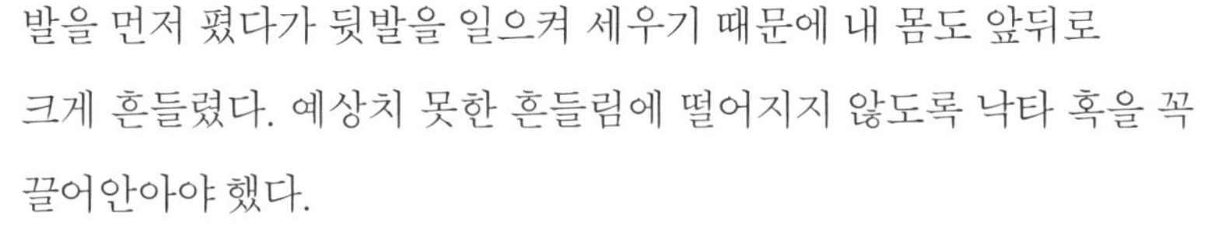

일행 모두가 낙타에 올라타자 여섯 마리의 낙타는 한 줄로 줄지어 느릿느릿 걷기 시작했다. 모래 위에 생긴 그림자가 우리를 마치 아라비아 상인처럼 보이게 했다. 두 다리로 낙타 몸통을 끌어안아 몸을 지탱하는 것이 힘이 들었지만 점차 요령이 생겨 좀 더 편하게 앉을 수 있었다. 모래 위를 걸어갔다가, 낙타에게 물을 먹이고 되돌아오는 것으로 낙타 체험은 끝이 났다. 30분의 체험 시간이 짧아 아쉬움이 느껴졌다. 가이드에게 다음 번에는 좀 더 오랫동안 타고 싶다고 이야기를 해 두었다.

여행의 닷새, 엿새째 되는 날은 몽골의 푸른 진주라고 불리는 홉스굴에서 머물렀다. 홉스굴은 시설이 잘 갖추어져 있어서 샤워와 화장실을 마음 편하게 이용할 수 있었고, 유명한 관광지지만 다행히 아직 사람의 손때가 많이 묻지 않아 깨끗하고 청정한 환경을 유지하고 있었다.

홉스굴에서 머무르는 동안 작은 나담 축제[1]도 열려 전통 씨름 경기 관람, 활쏘기 체험 등 즐길 거리와 먹을거리가 풍부했으나 나의 관심은 오로지 승마뿐이었다. 단 한 번의 승마 체험을 위해 손가락 부분에 고무가 붙어 있는 운동용 장갑도 준비했고, 필용에게서 승마 모자도 빌려 가지고 왔기 때문이다. 승마 모자는 속에 딱딱한 심지가 있어 접을 수도 없고 가방에 들어가지도 않아 여행 내내 애물단지였다. 빨리 승마 모자의 용도를 발휘하고 싶었다.

드디어 가이드가 말을 타러 가자고 했다. 침대에 누워 있던 일행들도 승마 체험을 손꼽아 기다렸는지 나가자는 가이드의 말이 떨어지자마자 용수철 튀어 오르듯 벌떡 일어났다. 나도 얼른 모자와 장갑을 챙겨서 나왔다.

여섯 마리의 말이 한 무리로 모여 있었다. 백마를 타고 싶었지만 백마는 순식간에 다른 사람이 찜해버려 하는 수 없이 갈색 말을 골랐다. 말을 고르기는 했으나 말에 올라타기가 쉽지 않았다. 낙타는 무릎을 꿇고 있어 타는 것이 쉬웠지만, 말은 서 있는 상태에서 타야 했기에 마주와 가이드의 도움을 받아서 겨우 말 등에 오를 수 있었다. 말은 반가움인지 아니면 불만의 표시인지 내가 등에 올라타자마자 콧김을 내뿜으며 서 있는 채로 똥을 몇 무더기 싸버렸다. 말은 걸어 다니면서도 똥을 쌀 수 있는 능력을 가지고 있었다.

가이드가 말 타는 방법에 대해 두 가지를 설명해 주었다. 말을 제어

할 때는 고삐를 바짝 당길 것, 움직이게 할 때는 발로 옆구리를 살짝 차거나 엉덩이를 치면서 '쉬쉬' 소리를 낼 것, 이것이 전부였다.

승마 동호회의 초보 강습 내용을 보면 1주일에 한 번씩 두 달을 배우던데 과연 이 두 가지만으로도 승마를 할 수 있다는 것이 믿어지지 않았다. 내가 말을 잘 탈 수 있을까 의심스러웠지만 실제 일곱 살 된 아이들이 말 타는 것을 보았기 때문에 가이드 말을 믿고 따르기로 했다.

말의 옆구리를 살짝 차서 걷게 했지만 말은 배가 고픈지 금방 고개를 숙여 바닥의 풀을 뜯어 먹으려고 했다. 처음에는 말이 고개를 숙일 때마다 고삐를 떨어뜨렸는데 가이드가 절대 고삐를 놓치면 안 된다고 주의를 주면서 다시 내 손에 쥐어 주었다. 나는 바짝 긴장하여 고삐를

>>> 흡스굴: 말타기 체험 코스

꼭 쥐고 말이 고개를 숙이려고 하면 그러지 못하도록 고삐를 팽팽하게 당겼다. 말은 곧 자신의 동작을 멈추었고 내가 옆구리를 살짝 차자 앞으로 또각또각 걸어가기 시작했다.

처음에는 평지를 걷다가 점점 산 속으로 들어가기 시작했다. 이때까지 몽골에서 보아 왔던 풍경과는 다르게 울창한 숲이 나왔다. 숲길을 조금 더 걸어가자 드디어 눈앞에 홉스굴이 펼쳐졌다. 물이 부족한 몽골에서 커다란 호수는 사막의 오아시스와도 같은 존재일 것이다. 숲이 우거진 사이에 있는 푸른 호수는 이때껏 보아왔던 호수와 다르게 좀 더 신성하고 영험해 보였다.

홉스굴을 바라보는 산 중턱에 게르가 하나 있었는데 가이드의 사촌 형이 사는 집이라고 했다. 나무에 말을 묶어놓고 가이드를 따라 게르 안으로 들어갔다. 안에는 가이드의 사촌 형 내외와 아직 어린 조카 두 명이 있었다.

난로 위 큰 솥에는 양고기 국물이 펄펄 끓고 있었는데 주인 내외가 작은 밥그릇에 국물을 한 국자씩 담아 6명에게 주었다. 평소 게르나 게스트하우스를 방문했을 때 주인이 늘 대접하던 수테차와 보르와삭이 아니어서 낯선 느낌이었지만 다들 넙죽 받았다. 산으로 들어오면서 쌀쌀한 날씨로 인해 몸이 으슬으슬했는데 고기 국물을 마시니 몸이 따뜻해졌다.

고기 국물을 두 그릇씩 마시고 나자 가이드는 솥에서 꺼낸 고기를 숭덩숭덩 썰더니 우리에게 먹으라고 권했다. 고기를 한 점씩 집어 먹었는데 쫄깃하고 담백한 맛이 양고기 특유의 누린내도 나지 않고 맛있었다. 아이들도 달려들어 뼈째 들고 쪽쪽 빨아먹으며 살을 발라먹었다. 아이들이 잘 먹는 것으로 보아 손님이 올 때만 대접하는 음식 같았는데 우리를 위해 가이드가 사촌 형에게 특별히 부탁한 눈치였다.

고기 맛을 한창 즐기고 있을 때쯤 가이드가 언제 준비했는지 알코올 39%의 전통주인 아르히를 꺼내 술잔을 돌리기 시작했다. 알코올 한 방울 한 방울이 식도를 타고 내려가는 것이 느껴지면서 순식간에 술기운이 온몸에 확 돌았다. 난로 위에는 아직도 고기 국물이 끓고 있어 밖으로 나왔다.

술기운으로 인해 약간 취한 상태에서 홉스굴을 내려다보니 피어오르는 물안개가 금방이라도 산신령이 나올 것 같았고, 나무에 매어두었던 말 역시 영물처럼 보였다.

가이드는 어두워지기 전에 숙소로 돌아가자고 했다. 조금 전 까지만 해도 말에 오르려면 다른 사람의 도움을 받아야 했는데 이제는 혼자서도 할 수 있었다.

조금 전보다 좀 더 빨리 말을 걷게 해 보았다. 그 속도에 익숙해지자 가이드는 자신의 채찍으로 다른 6마리의 말 엉덩이를 때렸다. 말들은 속보[2]로 움직이다가 채찍을 맞고 구보[3]로 움직이기 시작했다. 말은 꽤 빠른 속도로 달렸지만, 술기운 때문인지 그 순간만큼은 낙마에 대한 두려움도 없었다.

"I'm flying, I'm flying."

누군가가 소리를 질렀다. 말 역시 내 마음을 다 알아차리고 말과 나는 한 몸이 되어 움직이는 것 같았다. 나는 말을 탄 것이 아니라 페가수스[4]를 탄 것이고, 땅위를 달리는 것이 아니라 구름 속을 날아다니는 것 같았다. 말이 땅을 내딛을 때면 전기에 감전된 것처럼 머리부터 발끝까지 짜릿함이 온몸을 관통했다.

가이드를 포함해 일곱 명 모두 실성한 사람처럼 소리를 지르며 말을 달렸다. 가까운 거리는 아니었지만 단 몇 분의 전력질주로 게르 앞까지 도착했다. 곧 말에서 내려야한다는 생각이 들자 밤 12시 이후 마법이 풀린 신데렐라처럼 갑자기 정신이 번쩍 들었다. '내가 어떻게 말을 달려서 이 먼 거리를 왔지?' 하는 생각이 들었지만 이제는 말에서 내려야 하는 시간이 되었다. 오늘 하루 나에게 즐거운 경험을 선사해준 말의 갈기를 쓰다듬으며 고맙다고 말해주었다. 그리고는 게르로 돌아와 물티슈로 세수하는 것도 잊은 채 침대에 그대로 쓰러졌다. 어느새 가이드가 난로에 불을 지펴 놓아 게르 안의 공기는 훈훈했다.

눈을 떴다 감을 때마다 '나는 누구인가, 여기는 어디인가' 하는 생각이 들었다. 조금 전까지의 경험이 꿈인지 생시인지 구별되지 않았다. 눈은 스르르 감겼고 그대로 잠이 들었다.

1 나담 축제: 몽골 울란바토르에서 매년 여름에 열리는 전통 축제.
2 속보: 평상시 '터덜터덜' 걸어가는 것보다 빠르게 '탁탁' 하고 뛰는 것.
3 구보: 점프를 뛰듯이 '성큼성큼' 달리는 것.
4 페가수스: 그리스 신화에 나오는 날개 돋친 천마(天馬).

05 내겐 너무 섹시한 그녀

우리 여행 일행은 한국인 남자 둘, 한국인 여자 둘, 일본인 여자 둘 이렇게 6명이었다. 일본인과 함께 여행하게 된 것은 여행 당일 아침에 결정되었다. 게스트하우스 사장이 혼자 여행 중인 일본인 여자가 있는데 함께 여행해도 괜찮은지 우리의 의향을 물었고 다들 크게 반대하지 않았다. 여행비용을 사람 수대로 계산하는 형태였기 때문에 사람이 많아지면 개인당 부담은 그만큼 줄어들기 때문이었다. 두 번째 날에는 우리의 의견을 묻지도 않고 게스트하우스 측에서 일방적으로 일본인 여자 여행객 한 명을 더 추가하기로 결정했다. '이건 뭐지?'하는 생각이 들었지만 차 안 좌석도 여유가 있었고, 전체 일정이 변경되

지 않아 크게 문제 삼을 일은 아니었다. 그렇게 해서 마유와 함께 여행하게 되었다.

마유는 내가 이때까지 보아온 일본인과는 전혀 다른 캐릭터의 소유자였다. 까만 피부에 키도 큰 데다가 나이아가라 펌이라고 불리는 다이렉트 펌을 하고 있어서 첫눈에도 눈에 띄는 외모였다. 학창시절부터 지금까지 싱가포르에서 살고 있는 덕에 영어도 유창할 뿐더러 일본인 특유의 악센트도 없었다. 다니던 직장을 그만두고 현재 4개월째 여행 중인데 스페인부터 시작하여 서유럽, 동유럽을 거쳐 동쪽방향으로 여행을 하고 있었다. 그리고 몽골이 마지막 여행지라고 했다. 남자친구는 시리아 사람이라고 하니 그야말로 마유에게 국경이란 여권에 도장을 받는 경계 지점에 불과했다.

마유는 부끄러움이 없었다. 남자들이 게르에 있어도 훌렁훌렁 옷을 갈아입기도 했고 아무렇지 않게 잔디밭에서 벌러덩 잘 드러누웠으며 노상 방뇨도 여자들 중에서 제일 먼저 시작했다. 술도 잘 마시고 사교적인 데다가 자신의 감정을 솔직하게 표현하는 그녀는 여자인 내가 보아도 '섹시'하고 '쿨'했다.

마유와 나는 동갑내기였지만 나와 너무 다른 모습에 때로는 남자보다 멀게 느껴지기도 했고 거침없는 그녀의 모습이 가끔 부럽기도 했다. 그랬던 그녀이지만 의외의 일로 여자로서 동질감이 느껴지기 시작했다.

별다른 액티비티가 없던 날이나 푸르공으

로 온종일 이동하는 날은 종일 수다를 떨었다. 특히 푸르공은 의자가 봉고처럼 마주보고 앉게끔 되어 있어 이야기하기에 딱 좋은 구조였다. 마유는 오랫동안 여행을 한 만큼 화젯거리도 많았는데 아이팟으로 사진을 보여주며 (아직 아이폰이며 갤럭시S 등 스마트폰이 나오기 전이었다) 이야기를 풀어놓기도 했다.

한 번은 프랑스의 한 클럽에서 있었던 이야기를 했다.

"유스호스텔에서 만난 사람들하고 술 마시며 재미나게 놀고 있었어. 그런데 그중 한 명이 갑자기 나보고 뭐라는 줄 알아? I Wanna Fuck You! 세상에! 그것도 다른 사람들 다 들리게 아주 큰 소리로 외치는 거야!! 술이 확 깨 버렸어. 낭만적인 프랑스에서 봉변을 당한 셈이지."

한 마디로 '헉'할 만 한 일이었다. 마유는 계속 말을 덧붙였다.

"싫다는 표현은 확실히 해줘야 해. You crazy? 부터 시작해서 해줄 수 있는 욕은 다 하고 그 자리를 나와 버렸어."

그런 일은 개의치 않게 여길 만큼 개방적으로 보였던 마유이지만 황당한 제안에는 불쾌감을 느끼는 것이 같은 여자구나라고 느끼게 했다. 마유가 말을 꺼내자 다들 한 마디씩 보태기 시작했다.

"이집트나 터키 가면 동양 여자들한테 장난 아니게 치근거려. 키스해달라느니, 자기 집에서 며칠 머물다 가라느니. 긴장을 늦추고 있으면 어디서든 갑자기 손이 튀어나와서 다리며 가슴이며 만지려고 한다니까. 한 번은 택시를 탔는데 기사가 가방을 안 놓아 주려고 해서 고생한 적도 있었어."

“아랍권 국가에서는 동양 여자랑 같이 자면 운이 좋다는 말이 있대. 그래서 그럴지도 모르겠어.”

“어우, 우리가 참아야지. 스스로 지킬 수밖에 없어.”

우리는 여자 여행자로서 겪었던 황당한 일과 아찔했던 순간을 나누면서, 전 세계 불특정 다수의 잠재적 가해자를 향해 비난을 퍼부었다. 그 비난의 화살은 같은 푸르공에 타고 있던 남자들에게 향했고, 애꿎은 남자들은 여자 여행자에게 하지 말아야 할 행동에 대해 뜬금없이 일장 연설을 들어야 했다.

공공의 적이 있으면 서로 빨리 친해질 수 있다. 정확히 딱 언제부터라고 말할 수는 없지만, 그 날부터 마유가 조금 더 가깝게 느껴졌고 노상 방뇨도 함께하는 사이가 되었다.

시간이 지나면서 마유의 또 다른 면이 눈에 들어왔는데 그것은 사진을 찍을 때면 항상 손바닥만 한 작은 인형을 손에 들고 찍는 것이었다. 인형을 깜빡 잊은 채 찍었을 경우에는 똑같은 사진이라도 다시 찍었고, 카메라 버튼을 누르기 직전에 인형이 없음을 알아차리면 과감하게 “Stop”을 외치고 인형을 다시 가져와서 포즈를 취했다. 시간이 지날수록 사진을 찍을 때 인형을 챙기는 이유가 점점 궁금해졌다.

“마유, 저 인형에 무슨 특별한 사연이라도 있는 거야? 항상 같이 사진 찍으니까 궁금해서.”

“혹시 영화 「아멜리에」 봤어?”

“응, 봤지.”

“거기서 인형 나왔는데 기억나? 아멜리에가 스튜어디스 친구한테 부탁해서 여행할 때마다 사진 찍어달라고 했던 난쟁이 인형?"

"응, 알아."

"이 인형의 이름은 하이디인데, 영화 속 난쟁이 인형과 똑같은 역할을 하는 거야."

마유는 자신이 들고 있던 하이디를 나에게 건네주면서 깨알 같이 적힌 글씨를 읽어보라고 했다.

이 아이디어를 처음 고안한 사람은 일본인이었고, 여행을 시작하면서부터 하이디의 사진을 페이스북에 올리기 시작했다고 했다. "Start"라고 글자를 쓴 종이를 찍은 사진부터 시작해서 여행 가방 위에 앉은 하이디, 온천을 하고 있는 하이디, 도리이鳥居 앞에 있는 하이디 등 일본 곳곳을 여행한 흔적을 남겼다고 했다. 마유 자신도 여행 중에 하이디를 받았는데 본인이 세 번째 타자이며, 하이디를 전달받은 사람의 미션을 수행하기 위해서 자기가 여행하는 곳마다 하이디와 함께 사진을 찍은 것이라고 했다. 몽골에서는 인터넷 사용이 힘들지만, 싱가포르로 돌아가면 페이스북에 사진을 업로드할 예정이며, 여행이 끝나면 하이디를 다른 사람에게 전달할 것이라고 말했다.

"근데 인형 이름이 왜 하필 하이디야?"

"유럽 사람들은 모두 하이디를 알기 때문이지. 알프스 소녀 하이디."

누가 시작했는지 모르지만 꽤 귀여운 발상이었고, 그 미션을 충실히 이행하는 마유도 귀여운 면이 있었다. 역시 내겐 매력적인 그녀였다!

마유가 내게 하이디를 전달했다면 또 하나의 연결고리가 되어 오랫동안 연락했을지도 모른다. 하지만 같이 여행했던 사람들 모두 다시 한국과 일본으로 돌아가는 일정이었고 다음 여행은 내년으로 생각하고 있었기 때문에 마유는 우리 일행 중 누구에게도 하이디를 전달하지 않고 싱가포르로 돌아갔다.

이후 공원으로 놀러 가서 잔디밭에 앉을 때면 아무렇지 않게 드러누워 햇볕을 쬐던 마유가 생각난다. 나는 돗자리를 펼치지 않으면 뭔가 찜찜한데, 아직 그녀만큼 쿨하지 못해서 그럴지도 모르겠다.

06 상남자 혹은 애송이

우리의 가이드였던 노요는 다양한 역할을 수행했다. 여행 코스를 짜서 우리를 인솔했으며 방문했던 유적지, 관광지에 대해 설명을 해주었다. 매 끼니 6인분의 식사를 직접 요리하고, 푸르공이 고장 나면 운전사와 함께 차를 고치기도 했다.

운전사는 영어를 전혀 할 줄 몰랐기 때문에 우리는 노요가 없으면 음악을 틀어달라거나 차를 잠시 세워달라는 등의 기본적인 요청조차 할 수 없었다. 아주 간단한 의사 전달조차 노요를 통해 하게 되자 그가 무척 어른스럽게 느껴졌다. 밤마다 난로에 불을 지펴 게르 안을 따뜻

>>> 몽골에서 절하는 법

하게 할 뿐만 아니라 말 타는 방법과 말 다루는 방법, 활 쏘는 방법까지 알려주었기 때문에 못하는 것이 없어 보였다. 까만 피부와 굵은 팔뚝 역시 남자답게 보였는데, 당시 한국과 일본에는 '초식남[1]'이라는 용어가 처음 등장했던 시기여서 노요가 더욱 상남자라고 생각했다.

여행을 같이 했던 일행 중 나를 포함한 4명이 30대 초반이었고, 노요도 우리랑 함께 있으면 동년배로 보여서 나이가 우리와 비슷하다고 생각했다. 노요와 격 없이 친해졌을 때, 서로 나이를 공개하고 신분증과 휴대폰에 저장된 사진을 보여주었다. 이럴 수가! 노요는 나보다 아홉 살이나 어렸고 올해 초 대학을 졸업하여 가이드 일을 시작한 지 3개월밖에 되지 않은 신참이었다. 회사로 치면 입사 지원서에 잉크도 마르지 않은 완전 신입인 셈이었다. 햇볕에 탄 피부가 원래 나이보다 훨씬 늙어보이게 했던 것이다.

못하는 것이 없는 줄 알았던 노요에게 부족한 부분이 있었으니 그것은 바로 요리였다. 노요가 만든 음식은 대부분 기름졌는데, 그래도 비행기 기내식으로 나왔던 튜브 고추장을 비벼서 먹으면 먹을 만했

다. 하지만 고추장이 떨어지자 음식이 느끼해졌고 모두들 식사를 조금씩 남겼다. 끼니때마다 우리가 다 먹지 않는 것에 신경이 쓰였는지 노요도 나름대로 새로운 요리를 연구했으나 건포도와 버터, 설탕을 넣어 지은 밥은 그릇을 비우기가 쉽지 않았다.

음식의 맛보다는 요리 시간이 너무 오래 걸리는 것이 더 큰 문제였다. 특히 저녁 식사는 요리 하는데 두 시간이 걸려 9시가 되어서야 겨우 먹을 수 있었다. 게다가 면 종류는 항상 불어 있었고 음식도 미지근하거나 식어 있었다. 식사를 노요에게만 의지해야 하는 상황에서 계속되는 배고픔은 사람들을 조금씩 예민하게 만들었다.

식사가 맛이 없고 배가 자주 고팠다는 것을 제외하면 여행은 만족스러웠다. 이제 모든 일정은 끝이 났고 울란바토르로 되돌아가는 일만 남았는데 사건은 마지막 전 날 터졌다.

평소 때처럼 덜컹거리는 차 안에서 이런저런 이야기로 즐거운 시간을 보내면서 그 날의 목적지로 향했다. 평소의 경우 저녁 6시~7시 사이에 캠프 사이트나 게스트하우스에 도착해서 짐을 풀고 식사를 준비했다. 하지만 이제 겨우 오후 3시를 넘긴 시간인데 푸르공은 어느 가정집 앞에서 정차를 했고 노요가 오늘 밤 여기서 지낼 것이라고 말했다.

이곳은 말 그대로 개인 주택이지 여행자를 위한 숙소가 아니었다. 우리가 게르는 어디에 있냐고 묻자 노요는 어느 방으로 안내하며 이곳에서 침낭을 깔고 자면 된다는 것이다. 그 방은 침대나 가구 하나 없는 단칸방이었고 카펫이 깔려 있지만 신발을 신고 드나드는 곳이었다. 우리가 비록 6일 동안 게르에서 함께 생활을 했지만 여행자 숙소가 아닌 가정집의 한 방에서 6명을 다 같이 자라고 하다니 화가 났다.

우리가 어떻게 된 일인지 따져 물었고 노요는 겸연쩍어하다가 우물우물 말하기 시작했다. 이 집은 운전기사의 집인데 그가 몇 달 동안 집에 가지 못했으며 울란바토르로 돌아가는 중간에 들렀다는 것이다. 그간 아무리 편하게 지냈어도 우리가 고객인데 사전에 양해를 구하는 것도 없이 운전기사의 말만 듣고 단독으로 결정한 노요의 행동에 어이가 없었다.

우리 모두 오늘 밤은 절대 여기에서 잘 수 없으며 게르가 있는 게스트하우스로 빨리 이동하자며 재촉했다. 그러자 노요는 가장 가까운 게스트하우스도 5시간을 달려야 하고 해가 지면 길을 잃을 수 있어서 힘들다고 설명했다. 우리는 이미 화가 난 상태였기 때문에 무조건 여기를 떠나서 이동하자고 소리 높여 주장했다. 우리가 이렇게 완강하게 나오자 노요와 운전사도 어쩔 수 없이 차를 출발시켰다.

항상 음악 소리와 대화로 활기찼던 푸르공 안은 적막감으로 가득했다. 불만과 짜증으로 공기가 팽팽하여 그 누구도 말 꺼내기가 쉽지 않았다. 게다가 점점 어두워지고 있어서 운전사가 제대로 길을 찾을 수 있을까 걱정되기도 했다. 가로등이나 표지판이 제대로 없으니 오로지 운전기사의 직감만 믿고 가야했다. 배가 고팠지만 지금 중요한 것은 오늘 밤을 보낼 수 있는 숙소에 안전하게 도착하는 것이었기 때문에 차를 중간에 세울 수 없었다.

밤 10시가 되어서야 겨우 게스트하우스에 도착할 수 있었다. 무사히 도착했다는 안도감이 들자 배고픔이 느껴졌다. 노요는 그 시간에 요리를 하겠다고 재료와 도구를 꺼내기 시작했다. 그의 평소 요리 실력을 감안하건데 자정이 되어야 먹을 수 있을 것 같았다. 노요의 요리를 기다리기에는 다들 너무 지쳐있었고, 비상식량인 라면도 없었다.

게스트하우스는 식당을 함께 운영하고 있었다. 메뉴판을 보니 일인당 1달러 정도면 음식을 주문할 수 있었다. 가진 돈이 달러밖에 없었던 우리는 노요에게 식당의 음식을 사달라고 했는데, 노요는 예산이 없어서 사줄 수 없다고 했다. 우리가 지불한 금액에는 이미 6일분의 숙박비와 7일 동안 식사가 포함되어 있는데 가격이 저렴한 음식조차 주문할 수 없냐고 따졌고, 노요는 이곳 게스트하우스의 숙박비가 비싸서 돈이 부족하게 되었다고 했다.

여기에 이르자 우리는 그만 이성을 잃고 폭발하고 말았다. 결국 오늘 오후 예정에도 없던 운전사의 집에 들러서 그렇게 된 것 아니냐고 다시 추궁하게 되었고 예정되어 있던 일정을 벗어났으니 계약 위반으로 클레임을 걸겠다고 강경하게 말했다. 12시를 넘기면서까지 옥신각신 이야기를 계속했지만, 지금 당장 할 수 있는 것은 없었다. 결국 저녁은 굶은 채 12시가 넘어서야 잠자리에 들었고 울란바토르로 돌아가서 나머지 이야기를 마무리하기로 했다.

투어의 마지막 날 아침이 밝아왔다. 노요는 평소 한 번도 만들지 않았던 감자튀김을 아침 식사로 내놓았다. 아침 식사는 보통 빵과 커피로 간단하게 먹는데 마음이 불편했던지 평소보다 1시간 더 일찍 일어나서 만들었다고 했다. 하룻밤이 지나자 어제의 흥분이 가라앉았기 때문에 약간 미안한 마음이 들었다.

아침 식사를 끝낸 후 바로 출발하여 늦은 오후 울란바토르에 도착했다. 막상 이드레 게스트하우스에 갔지만, 사장한테 따질 것이라고는 사장 마음대로 투어 일행에 한 명을 더 추가했고 식사와 잠자리가 불편했다는 것밖에 없었다. 여행은 이미 끝이 났기 때문에 부질없는 일이었다. 결국 우리가 보상받은 것은 일인당 14달러를 돌려받은 것뿐이었다. 2만원도 안 되는 돈 때문에 여행의 마지막을 마음 불편하게 마무리한 것이 무척 허무하게 느껴졌다.

함께 여행했던 일본인들과 헤어지고 나서 한국에서 같이 출발한 일행들과 함께 몽골리언 레스토랑에서 저녁 식사를 했다. 일행 중 노요와 가장 가까이 지냈던 한스가 입을 열었다.

"이미 다 끝난 상황이라 말하는 것이 무슨 의미가 있겠어. 오늘 새벽에 노요랑 이야기했었는데 우리가 클레임 건다고 하니까 걱정 많이 하더라. 혹시 해고될까봐. 여기 여행업계 바닥이 좁아서 고객한테 클레임 당해서 해고되었다고 하면 다른 여행사로 가기도 힘들다고 하더라고. 우리도 사회생활 할 만큼 해봤지만 노요는 이제 수습사원과 마찬가지인데 우리가 좀 심했다 싶은 생각도 들었어. 자기도 중간에서 곤란했겠지. 운전사는 집에 가자고 하니까 별 생각 없이 그러자고 한 건데 일이 커졌잖아. 뭐 별일이야 있겠어."

순간 부끄럽다는 생각이 들었다. 잠시의 배고픔을 참지 못하고 성깔을 내버렸고, 그로 인해 다른 사람은 생계를 걱정하고 있다는 것이 미안해졌다. 이대로 한국으로 돌아가면 마음이 계속 불편할 것 같아 직접 얼굴을 보며 인사를 하고 싶었는데 결국 만나지 못했다.

공항으로 가기 전까지 남은 시간을 이용하여 노린스 샴푸, 바디워시, 손전등과 과자와 커피 믹스를 작은 주머니에 담았다. 그리고 덕분에 7박 8일 여행이 즐거웠었고, 마지막에 흥분했던 것은 미안하게 생각한다, 좋지 않은 기억은 잊고 좋았던 일만 생각하자, 하지만 좋은 가이드가 되기 위해서는 앞으로 이런 일은 없었으면 좋겠다, 라는 내용의 편지를 써서 주머니에 같이 넣었다. 그리고 이드레 게스트하우스 사장에게 전달해달라고 부탁을 하고 공항으로 왔다.

한국으로 돌아온 후 노요에게 이메일을 썼지만, 답장은 오지 않았다. 우리에게 큰 상처를 받아서일까 나뿐만 아니라 다른 사람도 답장을 못 받았다고 했다. 대신 페이스북을 통해 가이드를 하면서 바쁘게 지내는 모습은 확인할 수 있었다.

노요, 우리와의 여행이 아픈 기억이었다면 이제 그만 잊고 편해지길 바랄게.

1 초식남: 초식남(草食男) 또는 초식계 남자는 일본의 여성 칼럼니스트 후카사와 마키가 명명한 용어로서 기존의 '남성다움(육식적)'을 강하게 어필하지 않으면서도 주로 자신의 취미활동에 적극적이나 이성과의 연애에는 소극적인 동성애자와는 차별된 남성을 일컫는다.

Tips ▸▸ ◇ 7박 8일간 2,200km 대장정

이동 경로

일정	상세 내용
1일	인천 – 울란바토르 이동
2일	울란바토르 – 바얀고비 – 에르덴조 사원(Erdenezuu)
3일	체체르렉(Tsetserleg) – 타이하르(Taikhar)
4일	뮤론(Muron)
5일	홉스굴
6일	홉스굴
7일	뮤론 – 토승쳉겔(Toson Tsengel) – 타리알렁 – 라샨트(Rashant) – 볼강(Bulgan)
8일	울란바토르 시내 투어 – 울란바토르 – 인천 이동
9일	인천 도착

◇◇◇

Tips ▶▶

현지 여행 프로그램

◇ 이드레 투어(Idre's Tours & Hostel)
http://www.idretour.com/
일정 및 지역별로 다양한 투어 프로그램을 운영 중이다.
공항 픽업 및 숙소도 예약 가능하여 한 번에 몽골 여행을 준비할 수 있다.

종류	일정	개요
몽골 동부	3박 4일	테렐지 국립공원(Gorkhi-Terelj National Park), 헨티산맥(Khentii Mountain)
고비사막, 하라호름 투어	7박 8일	바가가자링 촐로(Baga Gazriin Chuluu Ruins), 저르걸하이르항 산(Zorgol Khairkhan Mountain), 바얀자그(BayanZag), 에르덴조 사원
몽골 북부	9박 10일	홉스굴 및 북쪽 몽골 여행
몽골 중앙	11박 12일	하라호름, 나임노르(Naiman Nuur) 울란춧갈란폭포(UlaanTsutgalanWaterfall)
몽골 서부	17박 18일	하라호름, 알타이타만보그드산맥(Altai Tavan Bogd Mountain)
고비사막, 차강노르 투어	13박 14일	고비사막, 하라호름 투어와 동일 울란춧갈란폭포, 코르고화산(Khorgo Volcano)
몽골 남부	19박 20일	고비 사막, 차강노르(Tsagaan nuur), 홉스굴

◇◇◇

TRIP 7
Laos

시골 할머니 밥상같이 소박한

/라오스

01 며느리 파업 선언

"나 이번 추석 연휴동안 해외여행 갈 거야. 말리지 마"

9월의 어느 날, 추석 연휴가 한 달도 남지 않는 시점에 나는 남편에게 이렇게 선언했다. 이 말에는 친정은 물론 시댁에도 가지 않겠다는 의미를 포함하고 있었다. 시댁에서 제사를 지내지 않아 전을 부치거나 나물을 만드는 등의 할 일이 많지 않았지만, 명절에 해외로 여행을 간다는 것은 며느리로서 임시파업을 선언한 셈이었다.

알라딘에서 조사한 2012년 출판계 10개의 키워드 중 '피로사회'와 '힐링'이 포함되어 있는 것처럼 나에게도 2012년은 어느 해보다 유난히 피로했고 힐링이 필요한 한 해였다.

불임 진단을 받은 이후 한 해 동안 직장생활을 하면서 시험관 시술을 했다. 1차 시술 후 임신을 확인하자마자 유산되었고, 2차 시술까지 시도했지만 결국 실패로 끝났다. 길지도 짧지도 않은 인생을 살아오는 동안 연이은 실패로 상실감과 좌절감은 이루 말할 수 없었다. 살면서 이렇게 노력해도 안 되는 일이 또 있을까 싶었다.

2차 시술까지 실패하자 다음달에 3차 시술을 바로 시작할 것인가, 잠시 휴식을 취할 것인가, 계획을 세우자니 막막했다. 몇 달 동안 발을 동동거리며 병원, 회사를 왔다 갔다 한 것을 다시 반복하려니 생각만 해도 머리가 지끈거렸다.

난임 클리닉은 항상 사람들로 붐볐다. 우리나라 의료 기술이 뛰어나 러시아, 몽골, 일본, 동남아 등 해외에서 온 사람들로 가득했고, 아무리 진료 예약을 해도 한 시간 넘게 기다리는 것은 다반사였다.

진료 대기하는 동안 스마트폰으로 업무 메일을 확인하면 쌓여 있는 이메일에 절로 한숨이 나왔다. 병원에 있을 때 회사에서 걸려오는 전화 역시 마음을 다급하게 했다. 피 뽑아 검사하고, 초음파 촬영하여 진행 상태를 체크하고, 주사 맞고 출근하면 이미 피곤에 절어 있었다. 처방받은 주사약은 냉장 보관이 필요하여 집에 들러서 냉장고에 넣어 두고 회사로 가야했다. 시간에 맞춰서 주사를 맞는 것도 은근히 스트레스였다.

내가 담당한 업무 특성상 9월 이후부터 점점 바빠져 연말이 되어야만 숨 돌릴 여유가 생길 것 같았다. 눈 질끈 감고 시술을 바로 시작할 것인가, 아니면 연말까지 기다렸다가 다시 할 것인가. 직장 상사한테 병원 다니는 것을 이야기하는 것도 쉬운 일이 아니었다. 작년부터 이야기를 해 놓았기 때문에 1년이 넘도록 배려를 해달라고 하는 것은 스스로 생각해도 염치가 없었다. 밤마다 술을 마시며 신랑과 논의했지만 매일 결론 없이 똑같은 이야기만 반복되었다.

달력을 보니 추석이 다가오고 있었다. 추석연휴와 개천절이 이어져 짧게 쉬면 4박 5일, 휴가를 며칠 더 붙이면 8박 9일까지 쉴 수 있는 황금연휴였다. 주변의 싱글들은 이 기회를 이용하여 해외여행을 계획하는 것이 눈에 보였다.

'나도 결혼 전에는 저렇게 여행 다녔는데…….'

그동안 병원에 다니느라 이미 20여 일의 휴가를 썼고, 의료비도 천만 원 가까이 들었다. 하지만 정작 내가 휴식이 필요할 때 쓸 수 있는 휴가와 여윳돈이 없다는 생각이 들자 우울한 마음이 들었다.

생활의 중심이 '아이를 만들기 위한' 목적에 맞추어지자 행복으로 가득할 줄 알았던 결혼 생활도 즐겁지 않았다. 나의 존재 가치는 '집안의 대를 잇기 위한' 부속품으로 느껴졌다.

아이들 사진으로 가득한 친구들의 SNS을 보고 나면 눈물이 나서 더 이상 볼 수 없었다.

더구나 다가오는 추석 연휴를 생각하자 가슴이 답답해졌다. 딸, 아내, 며느리……, 내게 주어진 역할 중 가장 부담스러운 것이 '며느리'였다. 친척들이 아이 소식을 물어볼 것이 너무도 당연했고, 사정이야 어쨌든 나는 직무유기 중인 것이다. 시부모님은 나를 이해하고 배려해주셨지만, 친척들이 다 모이는 자리는 부담스러웠다. 불편한 마음은 그 자리를 피하고 싶다는 생각으로 이어졌고, 다 내려놓고 어디론가 훌쩍 떠나고 싶다는 생각이 커졌다. 내가 생각해도 우울증이 점점 심해지는 것 같아서 남편에게 '추석 때 여행갈 계획임'을 선언한 것이다.

결혼 전 나는 1년에 한 번씩 꼭 해외여행을 다녔고, 특히 추석 연휴는 회사 눈치 보지 않고 마음 편하게 떠날 수 있는 절호의 찬스였다. 하지만 남편은 학창시절 그 흔한 배낭여행과 어학연수 한 번 다녀오지 않았고 신혼여행이 첫 해외여행이었다. 기본적으로 여행에 대한 욕구가 없었고, 또한 장남이어서 명절, 제사, 성묘를 중요하게 생각했다. 더군다나 남편은 명절 연휴 전날은 개인 휴가를 더 써서 시부모님의 가게 일을 도우는 효자였던 것이다. 남편은 나의 선언이 얼토당토않다고 생각해서인지 그냥 알겠다고 건성으로 대답했다.

나는 일단 내 의견을 말했으므로 그 때부터 어디로 떠날 것인지 여행 상품을 검색하기 시작했다. 시간과 비용을 고려하여 아시아, 동남아권에서 선택하기로 했다. 일본, 태국, 캄보디아, 베트남, 사이판을 제외하자 후보지가 홍콩, 대만, 라오스로 좁혀졌다. 여행을 준비할 시간이 많지 않아 이 세 나라의 에어텔 상품에 모두 예약을 걸어두고 남편에게는 계속 나의 계획을 알렸다.

그저 충동적으로 한 말이겠지, 하고 생각했던 남편은 이제야 내가 그냥 내지른 말이 아님을 알아차렸다. 그리고 진지하게 추석 여행은 힘들다고 말했다. 나는 정말 몸과 마음을 추스를 시간이 필요했고, 여행을 통한 힐링이 간절했기 때문에 혼자라도 가겠다고 대답했다. 또다시 지루한 말다툼이 반복되었다. 끝나지 않았던 '시술을 하느냐 마느냐' 논쟁거리에 '여행을 가느냐 마느냐'가 추가되었다. 밤마다 싸움이 되풀이되자 집에 가는 것도 섬섬 싫어졌다.

그러던 어느 날, 남편이 먼저 마음 편하게 여행 다녀오라고 말을 꺼내면서 시댁에는 출장을 가는 것으로 말씀드리겠다고 했다. 남편의 갑작스런 심경 변화 뒤에는 작은 해프닝이 있었다. 내가 인터넷으로 책을 세 권 주문했는데, 택배가 경비실로 도착하여 먼저 퇴근한 남편이 택배상자를 뜯어본 것이다. 지금 상황에서 세 권의 책 제목은 무척이나 의미심장했다.

『눈 뜨면 없어라』

『혼자 눈 뜨는 아침』

『결혼하면 사랑일까』

남편은 더 이상 여행을 가지 못하게 막으면 안 될 것 같다고 하면서, 마지막 기회라고 생각하고 머리를 식히고 오라고 했다. 그동안 신랑과 이야기할 때면 벽에 대고 말하는 것과 같은 답답함이 느껴졌는데, 이제야 내 마음을 이해해주는 것 같아 고마웠다.

여행사에서는 홍콩, 대만 여행 상품은 예약을 할 수 없고, 라오스 여행 상품이 가능하여 기한 내에 계약금을 입금하라는 연락이 왔다. 알차게 4박 6일을 소화할 수 있는 일정의 상품이었다. 라오스에 대해서 내가 아는 것은 세계사 시간에 베트남, 라오스, 캄보디아 3개국을 묶어 인도차이나라고 부른다고 배운 것이 전부였다. 하지만 여행상품이 있는 것을 보면 라오스가 떠오르는 여행지 같아 보였다. 오소희 작가가 쓴 『욕망이 멈추는 곳, 라오스』라는 책도 읽기 시작했다.

계약금과 잔금까지 다 지불하고 평소 여행할 때처럼 여행 카페에 가입해서 동행을 구하는 글을 올렸으나 떠나는 당일까지 아무에게도 연락이 오지 않았다. 이번에도 혼자 여행한다는 생각과 어떻게든 되겠지, 라는 마음으로 인천 공항행 리무진 버스에 올랐다.

02 혼자가 아니라서 다행이야

드디어 추석 연휴 첫날, 오랜만에 인천공항에 왔을 때의 설렘이란 이루 말할 수가 없었다. 긴 연휴답게 공항은 사람들로 가득했다. 가벼운 옷차림의 청춘 남녀 뿐 아니라 가족 단위 여행객들도 많았다. 갑자기 혼자 여행을 떠나는 내가 사연 많은 여자처럼 느껴졌다. '나 지금 여기서 혼자 뭐하는 것이지?'라는 생각도 잠깐 들었지만 떨쳐버리기로 했다. 어차피 지금 되돌아가봤자 낙인이 찍힌 것은 똑같다는 생각이 들었기 때문이다. 면세점을 구경하면서 기분 전환을 했다.

처음 타 보는 진에어는 그 유니폼부터 상큼했다. 청바지에 녹색 피케 티셔츠, 캡 모자는 승무원들을 좀 더 젊고 발랄한 이미지로 연출하는 데 큰 역할을 했다. 게다가 남자 승무원도 많았는데 나보다 한참 어려 보이는 남자 승무원이 무릎을 꿇고 나를 올려다보며 "무엇을 도와드릴까요?" 할 때에는 나도 모르게 입가에 엄마 미소가 지어졌다. 남자들이 오랫동안 누린 특권이 무엇인지 알 것 같다는 생각이 들었다.

저가 항공답게 음료수, 맥주, 담요는 돈을 주고 사야 했고 기내식 역시 차가운 음식이 제공되었다. 지루한 비행시간을 즐겁게 해 줄 개인 모니터도 없었다. 큰 기대는 안했지만, 다른 항공사에서 당연하게 받았던 서비스가 아쉽기는 했다. 책을 보다가 지루해져서 나 말고 어떤 사람들이 라오스를 가는 지 궁금하여 주변의 승객들을 관찰해보았다.

비행기에 탄 사람들 대부분은 대체로 회사 업무나 개인 사업을 목적으로 라오스에 방문하는 듯 정장에 가까운 복장이었고, 구두와 가방도 명품 브랜드가 많았다. 정말 라오스에 여행을 가는 사람은 없는 걸까, 하는 생각과 어쩌면 6일 동안 말을 한 마디도 안하는 묵언 수행 여행이 될 수도 있겠다는 예감이 들었다. 충분히 예상한 일이었기에 심심하면 심심한 대로 지루하면 지루한 대로 나만의 추석 연휴를 보내기로 했다.

공항에 도착했을 때 늘 현지 시간으로 밤 11시였다. 픽업 나온 기사가 내 이름이 적힌 종이를 손에 들고 있어서 금방 찾을 수 있었다. 택시를 타고 호텔로 가는 도중 창밖으로 보았던 길거리에는 가로등이 거의 없어서 보이는 것 없이 깜깜할 뿐이었다. 호텔은 공항에서 가까워 15분 만에 도착했고 기사는 내일 아침 다른 사람이 호텔로 픽업 와서 터미널로 데려줄 것이라고 이야기했다.

체크인을 하고 배정받은 호텔 방의 첫 인상은 '나쁘지 않다'였다. 어차피 오늘은 잠만 자고 내일 아침 바로 방비엥으로 떠나기 때문에 깨끗하기만 하면 큰 상관없었다. 휴대폰의 전원을 켜자 해외로밍은 지원되지 않지만, 와이파이는 빵빵하게 터져서 모바일 메신저의 보이스톡으로 무료 전화를 할 수 있었다.

한국 시간으로 새벽 1시가 넘었지만, 남편이 아직 자지 않고 있어 간단하게 오늘 일을 알리고 호텔 방 사진을 찍어서 보내주었다. 메신저로 대화를 끝낸 후 샤워를 했다. 햇볕에 물이 데워졌는지 샤워 꼭지에서는 미지근한 물이 나왔지만 나에게는 냉수, 온수 조절할 필요 없이 적당한 온도였다. 다음 날의 일정을 위하여 샤워 후 바로 잠자리에 들었다.

아침 9시 반까지 픽업하러 오기로 한 일정 때문인지 여행의 시작이라는 설렘 때문인지 잠에서 일찍 깼다. 짐을 꾸리고 나서 아침 식사를 하러 호텔 1층 식당으로 내려갔다. 식당에는 손님이라곤 나밖에 없어서 조식은 금방 만들어졌다. 메뉴는 달걀 프라이와 바게트 빵, 그리고 커피였는데 개미들이 접시 근처로 몰려들기 시작했다. 얼른 먹고 접시를 치운 후 기사가 픽업하러 오기 전까지 남은 시간을 활용하여 호텔 근처를 둘러보기로 했다.

일요일 이른 아침이었기 때문에 거리에는 사람이 없고 한산했다. 이곳은 비엔티엔Vientiane 시내 한복판으로 마사지샵, 음식점, 바, 여행사, 동전 빨래방 등 다양한 상점이 많이 보였다. 대부분 영업을 시작하지 않아 셔터가 내려져 있거나 문이 열려 있어도 사람들이 가게 내 청소를 하고 있었다.

뭔가 재미난 구경거리가 없을까 하고 돌아다니던 중 불교 사원을 하나 발견했다. 입구는 빨간색과 금색으로 화려하게 치장되어 있었고, 양 옆으로 도깨비상이 방망이를 들고 서 있

>>> 줄 서서 공양 바구니에 음식을 담는 모습.

>>> 밥알을 뭉쳐 용 입 안에 넣으면서 기도를 한다.

었다. 문이 따로 있는 것은 아니어서 사원 안에 사람이 많이 모여 있는 것이 보였다. 입장료를 받는 부스도 없어서 자연스럽게 안으로 들어갔다.

마당에는 긴 테이블이 놓여 있고 그 위에 쌀밥과 꽃, 과일, 향 등이 차려져 있었다. 사람들은 줄을 지어서 테이블에 차려진 것들을 자신들이 가지고 있는 바구니에 차곡차곡 담기 시작했다. 그렇게 바구니를 채우고 난 후 사원 곳곳에 있는 뱀 조각상이나 화단 앞에 밥알뭉치와 과일을 올려두고 콧등과 이마 사이에 손을 대며 기도를 하는 것이었다. 뱀 조각상의 입 안은 밥알로 가득 차서 코와 뿔, 눈 위에도 밥알이 올려져 있었다. 화단 위 불 밝힌 양초 앞에 밥알을 놔두고 기도하는 사람, 500*ml* 페트병의 물을 나무에 뿌려가며 기도하는 사람 등 다양한 형태로 기도를 올렸다. 그중에는 외국인도 라오스 전통 문양의 천을 가슴에 가로로 걸치고 공양하는 사람들도 있었다. 기회가 된다면 나도 공양체험을 하고 싶었지만, 슬슬 체크아웃을 해야 될 시간이 되어 호텔로 돌아갈 수밖에 없었다.

짐을 꾸리고 출발 준비를 마친 채로 로비에서 기다렸다. 9시 반까

>>> 숙소 근처 사원

지 차가 오기로 했는데 열시가 되도록 아무런 소식이 없어서 한국 여행사로 전화를 해서 확인해야 하는 것이 아닌가 걱정이 되었다.

그때쯤 밖에서 누가 경적을 울려 나가 보니 차가 아니라 툭툭이 서 있었다. 터미널로 데려다 주는 차량이 툭툭이었던 것이다. 이미 사람이 많아서 탈 자리가 없어 보였는데 내가 들어가려고 하자 다들 짐을 한쪽으로 몰고 자리도 옆으로 붙어 앉아서 내가 앉을 자리를 만들어 주었다. 이미 타고 있는 사람을 훽 둘러보니 역시나 1명을 제외하고는 전부 여자 여행객이었다. 세계 어디를 가든 여자 여행객이 훨씬 더 많다는 것은 이제 만고의 진리 같았다. 서양 사람과 동양 사람이 반반 섞여 있었는데 그중 여자 한 명과 남자 한 명이 반갑게 말을 걸었다.

"혹시 한국분이세요?"

"네, 맞아요."

"여기 온지 얼마 안 됐나 보죠? 아직 피부가 하얗네요. 하하."

그들은 한 달째 동남아를 여행하고 있는 한국인 커플이었다. 우리가 한국말로 이야기하자 옆에 조용히 있던 까만 피부의 한 여자 한 명이 또 말을 걸었다.

"저도 한국 사람이에요. 말레이시아에서 왔지만요."

어디로 가는지 물었을 때 네 사람 모두 방비엥Vang Vieng으로 간다는 것이 확인되었다. 자연스럽게 누군가 한 명이 방비엥에서 같이 여행하자고 제안했고, 모두 동의했다. 혼자 여행할 줄 알았는데 이렇게 쉽게 일행을 만나게 될 줄이야. 전혀 모르는 사람들이지만 함께 라오스를 여행한다는 것 자체로도 반가웠다.

여행오기 전, 친구들과 남편, 회사 사람들에게 라오스로 여행을 떠난다고 말하면, 다들 "왜?"라고 되묻는 것으로 똑같은 반응을 보였다. 유명 작가가 라오스 여행 이후 책을 썼고, 론리 플래닛에서 1위로 추천한 곳이라고 아무리 설명을 해도 여전히 알려지지 않은 곳이라며 나를 오지 탐험가로 취급했다. 하지만 여기에서 나와 비슷한 취향의 사람을 세 명이나 찾았으니 반가울 수밖에 없었다.

03 작은 계림, 방비엥

우리를 방비엥으로 데려다 줄 버스는 현대에서 만든 신형 고속 버스였다. 버스가 크고 이용 승객이 적어서 편하게 이동하겠다 싶었는데 버스 안에는 건축자재가 이미 자리를 차지하고 있었다. 결국 배낭은 무릎 위에 올리고 빈자리 없이 옆 사람과 다닥다닥 붙어서 앉아야만 했다.

버스에 탈 때 일행 없이 혼자 여행 온 한국인 여자 한 명을 보았는데 역시나 우리와 목적지가 같았다. 자연스럽게 함께 여행을 하자고 제안하여 방비엥에서의 일행은 순식간에 5명이 되었다.

나는 툭툭에서 만났던, 말레이시아에서 온 남실과 버스 옆자리에 앉게 되었다. 누가 먼저랄 것도 없이 어떻게 해서 추석 연휴에 홀로 이곳까지 여행을 오게 되었는지 사연을 풀어 놓았다. 남실은 말레이시아에서 취업하여 혼자 살고 있는데 한국으로 가서 추석 연휴를 보내기에는 항공권 가격이 너무 비싸 그 돈으로 가까운 라오스로 여행을 오게 되었다고 했다. 말레이시아로 직장을 구할 때 부모님의 반대가 없었냐고 조심스럽게 물어보았는데 학교 다닐 때부터 워낙 해외로 나다녀서 부모님도 절반은 포기하셨다고 했다.

왠지 말이 잘 통해서 나이를 물어보았더니 아니나 다를까 나이는 한 살 차이였지만 남실이 학교를 일찍 들어가서 같은 학번이었다. 친구를 만난 듯 나도 편하게 혼자 여행을 오게 된 이야기를 쉽게 꺼낼 수 있었다. 남실과 나는 보편적인 결혼과 출산에서 남들보다 몇 발자국 늦은 열등생이라는 공통점 때문에 쉽게 친해질 수 있었다.

한창 수다를 떨다 보니 버스는 휴게소에서 잠시 정차했다. 마트에서는 음료수, 과자 외에도 샌드위치와 맥주도 팔아서 간단하게 요기를 해결하는 사람도 있었다. 화장실을 다녀 온 후 버스 출발 전까지 시간이 몇 분 남아서 자리로 바로 돌아가지 않고 잠시 밖에 있었다. 무슨 행사나 좋은 일이 있는지 현지인들이 음악을 틀어놓고 노래와 춤을 즐기는 모습이 보였기 때문이다. 흥겨운 분위기는 마치 발리우드 영화의 군무 장면과도 비슷했다. 그 모습이 신기하여 좀 더 구경하고 싶었지만 버스가 출발 경적을 알려 올라탈 수밖에 없었다.

비엔티엔에서 3시간 반을 달려 드디어 방비엥에 도착했다. 일단 버스에서 내리긴 했는데 내가 예약한 숙소에 어떻게 찾아가야 할지 막막해졌다. 하지만 나를 제외한 일행 4명은 그 누구도 숙소조차 예약하지 않았다. 라오스까지 올 정도면 다들 배낭여행은 좀 해봤다고 하는 사람들이어서인지 예약을 하지 않아도 아주 태평이었다. 한국인이 운영하는 게스트하우스가 있는데 그곳으로 가면 숙박이며 식사며 투어까지 한 번에 다 해결된다고 지도를 보고 게스트하우스를 찾아가기 시작했다. 나도 일단 그들과 같이 움직이기로 했다.

땀을 삐질 삐질 흘리며 흙길을 걸어갔다. 시계는 햇볕이 한창 뜨거운 오후 2시를 막 지나고 있어서인지 거리에는 사람이 보이지 않아 한산했다. 한참을 걸었을까, 한글로 쓰인 '블루 게스트하우스' 간판을 찾을 수 있었다.

빈방이 있는지 가격은 어떻게 되는지 물어보려고 하는데 거실마루에서 사장님으로 보이는 분이 일단 들어와서 가방을 내려놓고 앉아서 쉬라고 하는 것이다. 나는 이곳에서 숙박할 계획이 없어서 들어갈까 말까 망설이고 있는데 다른 일행들은 이미 블루에서 머무르기로 작정을 한 듯 신발을 벗고 성큼성큼 들어갔다.

거실은 벽이 완전히 뚫려 있는 마루였고 정면에 산과 강이 병풍처럼 펼쳐져 있어 전망 하나는 끝내주는 곳이었다. 방비엥은 아름다운 절경으로 라오스의 계림 또는 작은 계림이라고 불리는데, 비록 중국의 계림을 보지 않았지만 그 풍경은 한 폭의 동양화와 같았다.

블루 게스트하우스의 전망

우리가 가방을 내려놓고 좌식 탁자에 앉자 사장님은 선풍기를 우리 쪽으로 돌려주시고 어제 여행객들이 직접 빚었다는 송편과 커피를 함께 먹으라고 대접해 주셨다. 커피와 송편을 먹는 사이 커플에게는 더블 룸을, 여자 두 명에게는 도미토리를 쓰도록 방이 배정되어 서비스와 홍정이 순식간에 이루어졌다. 도미토리가 5달러, 더블 룸이 12달러 수준이었다. 사장님은 빈방이 없어서 다른 방법이 없다고 하셨고 또 가격이 저렴한 덕분에 다들 큰 불만이 없었다.

일단 숙소가 해결되자 다들 한결 편안해진 표정이었다. 이제 무엇을 할까, 어디에 갈까 이야기를 하고 있었는데 사장님이 툭툭을 잡아 줄 테니 블루 라군Blue Lagoon에 다녀오라고 하셨다. 어차피 방비엥에서 할 수 있는 액티비티는 세 손가락에 꼽힐 만큼 뻔했다. 블루라군에서 물놀이, 쏭강에서 튜빙이나 카약킹, 탐짱 동굴 탐험 정도였기 때문에 무엇을 먼저 하던지 큰 관계가 없었던 것이다.

다들 블루 라군에 가는 것으로 동의하고 수영복을 준비하여 출발하기로 했다. 마침 내가 숙박할 숙소가 블루 라군으로 가는 길에 있어서 내가 체크인 수속을 마치고 옷을 갈아입는 동안 나머지 일행이 툭툭을 타고 숙소 앞으로 오기로 했다.

5명을 태운 툭툭은 흙먼지를 일으키며 블루 라군으로 향했다. 가는 길의 풍경은 정말 시골 할머니 댁으로 가는 것 같았다. 산과 논, 푸드득거리는 닭들, 소를 끌고 가는 아저씨, 길가 개울에서 벌거벗고 물놀이 하는 가무잡잡한 피부의 아이들을 보고 있노라면 타임머신을 타고 30년 전 과거로 이동한 듯한 느낌이었다. 20분쯤 달려 블루 라군에 도착했다. 툭툭 기사는 우리가 물놀이를 끝내고 돌아올 때까지 내렸던 곳에서 기다리기로 했다.

블루 라군은 옥색의 연못이었다. 연못 옆에 아름드리나무가 서 있는데 나무에는 물속까지 드리워진 그네와 타잔처럼 줄을 잡고 점프를 하여 물속에 퐁당 빠질 수 있도록 손잡이가 매달려 있었다. 또한 나뭇가지에서 뛰어내릴 수 있도록 다이빙대도 만들어져 있는데 수면까지 약 5미터로 꽤 떨리는 높이었다. 나는 다이빙은 자신이 없어서 그저 수중 그네를 타다가 밧줄을 잡고 한 번 스윙한 후 물속으로 점프하는 놀이를 즐겼다.

블루 라군에는 우리 뿐 아니라 외국인 여행객들도 많았다. 외국인들은 맥주를 마시고 환호성을 내지르는데 과하게 웃고 떠드는 모습이 혹시 마약을 한 건 아닌가 하는 생각이 들게 할 정도였다. 그들은 무리지어 다이빙대에 올라가더니 차례로 첨벙 첨벙 뛰어내렸다. 외국인이

>>> 블루 라군

점프하는 모습을 보고 용기를 얻은 우리 일행 중 두 명 역시 과감하게 뛰어내려 다른 사람들로부터 박수를 받았다.

블루 라군에서 한 것은 튜브 하나 없이 몸으로만 놀았던, 참으로 단순한 물놀이였다. 별다른 구경할 거리, 즐길 거리가 없어서 오히려 더 신 나게 즐겼고, 동심으로 돌아가서 천진난만하게 놀 수 있었다.

어느새 해가 산으로 넘어갈 듯 어두워지기 시작하여 숙소로 돌아와 젖은 옷을 갈아입고 중심거리로 나왔다. 어둠이 찾아오자 낮에는 조용하던 거리의 상점들이 손님을 받을 준비를 하면서 시끌벅적 활기찬 분위기로 바뀌어 있었다. 모든 상점 문이 활짝 열려 있거나 아예 벽이 없어 내부가 다 보였다. 레스토랑과 바에 설치된 TV에는 미국 드라마인 프렌즈가 상영되고 있었고 반쯤 누워 편하게 볼 수 있도록 등받이 쿠션도 많이 보였다. 우리는 프렌즈를 상영하지 않는 바에 들어가서 비어라오Beerlao와 식사를 주문했다.

우리는 맥주를 마시며 이렇게 만나게 된 인연을 자축했다. 짧은 기간이지만 방비엥에서 이틀 머무르는 동안 잘 놀아보자며 건배를 했다. 다들 서른을 넘겨 고만고만한 나이였던 우리는 여행과 빠질 수 없는 연애, 그리고 결혼 이야기로 대화의 꽃을 피웠다.

술자리는 다음날 일정을 위해 일 인당 맥주 한 병으로 술자리를 마무리했고, 홀로 다른 호텔에 숙박하는 나는 아침에 블루 게스트하우스로 와서 내일 일정을 짜기로 했다.

04 물결 따라 유유자적

다음날 아침, 나는 일어나자마자 남편에게 모바일 메신저로 어제 있었던 일과 오늘의 일정을 알렸다. 홀로 여행을 떠날 때 매일 어디로 이동했는지 무엇을 했는지 남편에게 보고하기로 약속했기 때문이었다. 비엔티엔이든 방비엥이든 게스트하우스나 식당 등 실내에 들어가면 와이파이가 빵빵하게 터져서 한국으로 연락하는 데는 큰 문제가 없었다.

숙소에서 제공하는 조식을 먹고 설렁설렁 걸어서 블루 게스트하우스로 향했다. 가는 도중 슬레이트 지붕이 얹힌 기다란 건물이 보였는데 그것은 바로 초등학교였다. 창문도 제대로 없고 교실에 있는 것이라고는 칠판과 나무 책걸상이 전부였다. 교실은 전부 세 개였는데 몇 학년 몇 반을 알리는 푯말도 없는 것으로 보아 학년 구별 없이 합반하여 수업하는 것 같았다. 교실 안에서는 한창 받아쓰기 시험을 치고 있었는데 그 모습이 마치 6·25 이후 폭격 맞은 학교를 급하게 복구하여 수업하는 것처럼 보였다. 곧 수업이 끝나는 종이 울려서 아이들이 우르르 운동장으로 쏟아져 나오는 바람에 나도 그곳을 빠져 나와 다시 블루로 발걸음을 옮겼다.

블루에 도착했을 때 일행 중 몇 명은 아직 잠에서 깨어나지 않아 나는 거실에서 기다리기로 했다. 정확히 말하자면 거실이 아니라 식당이지만 왼쪽 편에 소파와 테이블이 있고 기둥에 해먹이 걸려 있어서 별장 거실과도 같았다.

소파에는 대여섯 명의 사람들이 멍 때리고 앉아 맞은편 산과 강을 바라보고 있었다. 그들은 다 막역하게 친해보여서 내가 끼어들기에는 어딘지 모르게 쑥스러웠다. 마침 해먹이 비어 있어 해먹에 비스듬히 누워서 경치를 감상하며 일행이 일어나기를 기다렸다.

오늘은 무엇을 할까 생각하고 있었는데 어느새 나타난 사장님이 오늘은 유이 폭포Kaeng Nyui Waterfall에 가는 것이 어떻겠냐고 제안하셨다. 다들 사장님이 프로그램을 만들어주기를 기다렸다는 듯이 전부 가겠다고 했다. 마침 우리 일행도 모두 잠에서 깨어나서 함께 폭포에 가기로 했다. 사장님은 봉고를 준비하셨고 앞자리 뒷자리까지 12명을 꽉 채운 봉고는 폭포로 출발했다.

가는 길이 비포장 도로여서 차가 많이 덜컹거렸지만 이 정도의 길은 이미 몽골에서 익숙해져 있었기 때문에 30분쯤이야 거뜬히 견딜 수 있었다. 차에서 내려 조금만 걸어가자 폭포가 나왔다. 폭포에 가까워질수록 세찬 물살 때문에 생긴 물보라로 주변 공기가 서늘했다.

우리 일행을 제외한 나머지 사람들은 이 폭포에 여러 번 왔었는지 폭포 밑으로 성큼성큼 걸어가서 세차게 쏟아지는 물줄기를 온 등으로 맞았다. 나도 따라 들어갔지만 물살이 강해서 가만히 서 있기조차 힘들어 결국 주저앉고 말았다. 사람들의 도움을 받고서야 겨우 빠져 나올 수 있었다. 폭포수를 일 분도 채 맞지 않았지만 스포츠 마사지를 받은 것처럼 어깨와 머리가 시원해졌다.

숙소로 돌아와 햇볕이 한참 뜨거운 시간을 넘기고 나서 일행 다섯 명은 튜빙을 하러 갔다. 튜빙은 말 그대로 튜브를 타고 강을 떠내려가는 것이었다. 거리 곳곳에 튜빙 업체가 많아서 굳이 예약을 하지 않아도 언제든지 튜빙을 할 수 있었다. 다섯 명과 튜브 다섯 개를 태운 툭툭은 쏭강 상류로 향했다. 기사는 물살이 완만한 곳에 우리를 내려주고 그대로 가버렸는데 튜브는 오늘 안으로만 반납하기만 하면 되었다.

튜브 사이에 엉덩이를 끼우고 앉아 손으로 노를 저어 물살을 헤쳐 나가기 시작했다. 흐르는 강물 덕분에 가만히 있어도 저절로 떠내려갔다. 강가 옆으로 군데군데 현지인의 집이 보였는데 가까이 접근했을 때 자세히 보니 현재 영업을 하지 않는 상점들이었다.

가이드북의 사진을 보면 쏭강 튜빙을 할 때 튜브 떼가 줄을 지어 갈 만큼 사람이 많았다. 강기슭의 상점에서는 맥주와 해피[마약]를 파는데, 술 마시고 만취 상태로 수영을 하다가 사망하는 사건도 종종 있으니 주의하라는 내용도 있었다. 하지만 지금은 쏭강 전체를 우리가 전세 낸 듯 다른 사람들은 없었고 물 흐르는 소리와 새 울음소리 외 다른 소리조차 없었다. 최근 들어 이렇게 조용했던 순간이 있었나 싶을 정도였다. 우리가 방비엥에 머물렀던 9월말~10월초는 우기의 마지막이자 건기 시작 직전으로 성수기가 아니어서 여행객들이 많지 않았던 것이다.

팔다리에 힘을 빼고 늘어지듯 튜브에 몸을 맡긴 후 고개를 들어 수묵화 같은 산의 풍경과 흘러가는 구름을 바라보았다. 한국에서 남편과 아옹다옹 싸우고 결론이 나지 않는 일에 머리를 싸매며 고민했던 일이 까마득하게 느껴졌다. 유산의 아픈 기억 역시 이 강물에 흘려보낼 수 있을 것 같았다. 자연 품에 안긴 듯한 분위기로 나도 점점 힐링되어 갔다.

한 시간을 떠내려 왔을까, 어느새 쏭강 하류에 도착하여 튜브에서 내려야 할 지점이라는 표지판이 보였다. 나와 다른 사람들은 표지판을 보고 벌떡 일어나서 뭍으로 올라왔지만, 남실은 내려야 하는 시점을 놓쳐 버려서 계속 아래로 떠내려가고 있었다. 이제 그만 내리라고 해도 남실은 수영을 하지 못해 튜브에서 발만 구르고 어쩔 줄 몰라 했다. 남실은 점점 멀어져 작은 점처럼 보였다.

튜빙샵 사장한테 도와 달라고 할까, 라는 생각을 해봤지만 어차피 강도 하나, 길도 하나이기 때문에 어디서 내리든 거슬러 올라오면 쉽게 찾을 수 있을 것 같았다. 찾으러 나섰다가 길이 엇갈리는 것보다 한 자리에서 기다리는 게 나을 것 같아 대로변에서 남실이 나타나기를 기다렸다.

삼십 분쯤 지났을까, 다리에 진흙을 잔뜩 묻힌 채 튜브를 한 손에 들고 터덜터덜 걸어오는 사람이 보였다. 바로 남실이었다. 일행과 떨어져 계속 떠내려가자 겁에 질려서 강변을 향해 무조건 "Help, help"를 외쳤다고 했다. 그랬더니 발가벗고 수영을 하던 꼬마가 한 손으로는 튜브를 끼고 다른 한 손으로 헤엄을 쳐서 자신을 구해주었다고 했다. 자신을 구해 준 아이는 이제 겨우 일곱 살이나 되었을까, 빨리 결혼했으면 아들뻘인 아이가 생명의 은인이라고 웃으면서 말했다.

게스트하우스로 돌아오자 오전에 폭포에 같이 갔었던 사람들이 제집인 듯 거실의 소파와 바닥에 널브러져 있는 것이 보였다. 머리에 나사를 풀고 생각 자체를 안 하는 모습을 보면 영락없는 백수, 폐인과 같았다. 거실 기둥에 걸려있는 TV에서 무한도전 방영이 시작되자 TV 있는 집에 동네 사람들 다 모이는 것처럼 사람들이 슬금슬금 모여들었다. 분명히 재방송일 텐데도 다 같이 웃으면서 시청하고 있었다.

우리에겐 오늘이 방비엥에서의 마지막 밤이었기 때문에 TV 시청 대열에 합류하지 않고 밖으로 나와서 송별회를 하기로 했다. 어제는 만남을, 오늘은 헤어짐을 이야기하다니, 여행은 정말 인생의 축소판이었다.

맥주를 마시며 앞으로의 각자 여행 일정에 대해 이야기를 나누었다. 남실과 나머지 한 명은 내일 루앙프라방Town of Luang Prabang으로 가는 일정으로 버스표도 예약을 한 상태였고 커플은 방비엥에서 이틀 더 머물 예정이었다.

나는 한국에서 이미 숙소와 차편을 예약했기 때문에 내일 비엔티엔으로 돌아가야 했지만 혼자 돌아가면 무슨 재미가 있을까, 하는 생각이 들기 시작했다. 어차피 내게 남은 시간은 하루밖에 없었지만 여기서 더 머물 것인지 원래 예정대로 돌아갈 것인지 내일 아침에 일어나 결정하기로 했다.

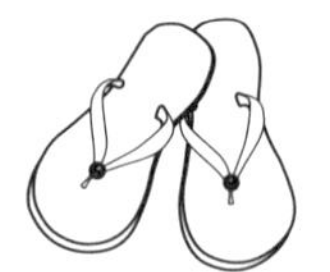

아무것도 하지 않을 자유

전날처럼 아침에 눈을 떠서 조식을 먹은 후 바로 블루로 향했다. 걸어오는 동안 원래 일정을 따르지 않고 방비엥에서 하루를 더 머물기로 마음을 먹었다. 아는 사람도 없이 혼자 비엔티엔으로 돌아가면 재미 없을 것 같았다. 비엔티엔 시내 투어도 귀찮다는 생각이 들면서 방비엥에 남아 물놀이하고 블루에서 뒹구는 것에 더 마음이 끌렸던 것이다. 어느새 나도 블루를 할머니 집처럼 편하게 여기고 있었다.

블루에 도착하여 인터넷 전화기를 빌려 한국에 있는 여행사로 전화를 걸었다. 여행사 직원은 일정을 바꾸어 비엔티엔으로 돌아가는 버스 티켓의 시간을 변경하는 것은 문제가 없으나 이미 지불한 숙박비는 환불받을 수 없다고 했다. 돌려받지 못하는 것이 아깝기는 했지만 크게 개의치 않았다. 블루에서 1박을 하여도 숙박비가 5달러인 덕에 큰 부담이 없었기 때문이다. 매니저의 도움을 받아 원래 숙박했던 숙소에서 짐을 옮겨와 남실이 썼던 방을 청소하여 쓰기로 했다.

그 전에도 화장실이며, 해먹이며 블루의 시설을 이용했지만 이제 나는 정식 투숙객이므로 좀 더 떳떳하고 당당해질 수 있었다. 거실 소파와 바닥에는 여느 때처럼 사람들이 널브러져 있었는데 폭포에 같이 가서 몇 명은 얼굴이 익숙했다. 나도 슬그머니 그들 사이에 끼었다.

>>> 아기곰 웅자

처음 그곳에 모여 있는 사람들을 보았을 때 마사지샵, 한인 식당 등 인근 한인 업체 사장님들이라고 생각했었다. 동네 단골 미용실에 가면 아줌마들이 알아서 커피도 타서 마시고, 일부는 방에 드러누워 누가 사장이고 손님인지 구별하기 힘든 것처럼 여행객들도 마치 라오스에 정착해서 사는 이웃처럼 보였다.

사람들이 소파 근처로 모여도 특별히 하는 일은 없었다. 커피를 마시거나 노트북과 스마트폰으로 인터넷을 사용하고, 일부는 담배를 피우면서 이야기하는 것이 전부였다. 늦게 일어나는 사람들을 손짓으로 불러 모아 같이 수다를 떨기도 하지만 대체로 '멍 때리면서' 뒹굴거렸다. 가끔 생각하는 것은 "오늘은 무엇을 할까?"였고 누가 어디 가자고 제안하면 이미 몇 번씩 갔던 곳이라도 좋아했다. 그것마저 귀찮은 사람들은 눈을 껌벅껌벅하면서 사람들이 남긴 낙서를 보거나 TV를 보면서 다시 낮잠을 잤다. 때로는 블루에서 키우는 새끼 곰 웅자의 사진을 찍거나 젖병으로 우유를 먹이면서 곰과 함께 놀기도 했다(그 이후 새끼 곰은 동물원으로 돌려보냈다는 소식을 들었다).

>>> 아무것도 하지 않을 자유

나 역시 그들과 크게 다르지 않았다. 흔들흔들 그네를 타듯 해먹에 누워 책도 좀 읽다가 수다도 떨다가 금방이라도 손오공이 권두운을 타고 날아다닐 것 같은 산의 풍경을 바라보곤 했다. 시선을 돌리다보면 하얀 천장과 기둥에 지나간 여행객들이 방명록처럼 남겨둔 낙서가 보였는데, 내용의 대부분은 매력적인 곳, 원래 계획했던 일정보다 오래 머물다 간다, 라고 쓰여 있었다.

커플이 잠에서 깨어나자 나는 그들과 함께 이미 다녀왔던 블루 라군에 한 번 더 가서 물놀이를 하고, 쏭강에서 카약을 탔으며, 낮잠도 자고, 강을 따라 산책도 다녀왔다. 과연 이렇게 시간을 보내도 괜찮을까 할 만큼 머리를 비울 수 있는 여유로운 시간이었다.

나는 라오스에 오기 전에 힐링에 대한 약간의 환상이 있었는데 힐링이란 TV 프로그램처럼 그동안 차마 말할 수 없었던 일, 오랫동안 가슴에 맺힌 상처를 스스로 밝히는 것 아니면 전문가의 지도에 따라 내면의 소리에 집중하여 명상하는 것으로 생각했다. 여행 오기 전 참여했던 힐링 연수가 그런 성격이었던 탓일 수도 있을 것이다.

하지만 방비엥에 머물면서 힐링이라는 것은 상처가 있든지 아픔

>>> 쏭강 튜빙

이 있든지 개의치 않고 아이가 할머니에게 안겼을 때 "아이고, 내 강아지" 하고 엉덩이 토닥여주는 그런 손길이 아닐까 하는 생각이 들었다. 라오스의 산과 강은 오랫동안 잊고 있었던 그런 할머니 품과 같았고 멍 때려도 괜찮아, 아무것도 하지 않아도 괜찮아, 라고 속삭여주는 것 같았다.

저녁이 되자 블루의 거실에서 자연스럽게 술자리가 벌어지면서, 숙박하는 사람들도 삼삼오오 모이게 되었다. 그저 함께 유이 폭포에 다녀온 것 외에 아무것도 몰랐던 이들인데 술이 들어가자 자연스럽게 본인 이야기가 나왔다.

여행객 중 나보다 나이는 많지만, 신혼인 커플이 있었는데, 여행을 좋아해서 한국의 생활을 정리하고 태국 북부에서 산다고 했다. 주변의 걱정과 만류도 많았고 미래에 대한 고민이 없었던 것은 아니지만 회사를 그만두고 집을 처분했을 때는 그렇게 홀가분할 수가 없었다고 했다. 해외에서 평생 살 계획은 없으며 2년 정도 살다가 한국으로 돌아갈 예정이라는 이들은 미래를 생각하면 막연한 면이 없잖아 있지만 태국에서의 생활도 좋고 여행도 다닐 수 있는 지금이 무척 행복하다고 했다. 나의 가장 큰 고민거리인 '아이 문제'도 인연이 닿으면 찾아오는 것이라며 본인들은 억지로 애쓰지는 않을 것이라고 했다. 누구나 꿈을 꾸지만 차마 실행에 옮기지 못하는 삶을 사는 모습과 쉽지 않은 결정의 순간에 부부가 의견을 일치했다는 것이 부럽기도 했다.

나와 3일을 함께 보낸 커플은 영화 스태프라는 특이한 경력의 소유자로 여자는 설치미술, 남자는 카메라 담당이었다. 한 작품을 끝내고 다음 작품 시작하기 전 시간적 여유가 있어서 제주도 여행을 생각했다가 비용이 비슷하여 동남아 여행을 하게 되었다고 했다. 이름만 대면 누구나 알 만한 유명한 영화에도 참여했으며, 가장 최근에 작업한 작품은 내년에 상영된다고 했다. 본인들의 관심사는 영화 내용 보다 영화가 끝난 후 엔딩 크레딧에 직급 순서대로 이름이 제대로 나오는지, 오타가 있는지 여부를 확인하는 것이라고 했다. 모 배우는 외모와 다르게 입이 걸고 성격이 거칠다는 등 스타의 뒷담화와 촬영 도중 스태프가 사망하는 일이 발생하여 영화의 장면이 바뀌었다는 등 평소 듣기 힘든 영화계의 비하인드 스토리는 흥미진진했다.

자연스럽게 내 차례가 되었다. 결혼을 했지만 아직 아이는 없고 혼자 여행을 왔다고 간단하게 이야기했다. 남편과 명절을 뒤로 하고 혼자 라오스로 온 나 역시 굴곡 많아 보일 수 있었으나 여기에 있는 사람들 모두 일반적인 궤적을 벗어난 사람들이어서 내 이야기가 유별나지 않았다. 미혼인 사람이 더 많고 결혼을 해도 아이 있는 사람이 없었기 때문에 마음이 편한 것도 있었다. 예전에는 누가 나에게 아기 소식을 묻기만 해도 눈물부터 먼저 나왔는데 아무렇지 않다면 거짓말이지만 이제는 담담하게 이야기할 수 있었다. 다행히 아무도 더 이상 묻지 않았고, 오히려 남편의 이해심을 칭찬했으며 한국으로 돌아가면 남편에게 잘하라는 조언을 해주셨다. 가까운 사람들이 생각 없이 던진 말에 상처를 많이 받았던 나는 적당한 선을 지켜주는 그들의 예의에 고마움을 느꼈다.

도란도란 이야기를 더 나누고 비어라오를 적당히 마신 후 술자리를 정리했다. 여행 중 만취할 때까지 마시지 않는 것을 내 나름의 원칙이기도 했고 다음 날이면 한국으로 돌아가기 때문에 마음이 조금 차분해지는 것이 다른 이유이기도 했다.

방으로 돌아와 휴대폰을 확인했을 때 친구들의 메시지가 몇 개 와 있었는데 그중에는 연휴인데 여행가서 좋겠다, 라는 내용도 있었다. 나의 처지를 마냥 부럽다고 하는, 속사정을 모르는 사람은 끝까지 모를 수밖에 없겠다는 생각이 들었다. 다만 지금은 힐링이 되어서일까, 그런 말들에 속이 덜 상하고 좀 더 편하게 넘길 수 있을 것 같았다.

박웅현의 『책은 도끼다』에서 본 "모든 근경은 전쟁이고, 모든 원경은 풍경 같다"라는 글귀가 떠올랐다. 내가 처한 지금 이 순간은 곤경困境이지만, 시간이 흘러 지금을 돌이켜 봤을 때 아름다운 추억의 풍경風景으로 다가올 그 날을 기다리며……

Tips ▸▸ ◇ 비엔티엔 – 방비엥 4박 6일

추천 일정

일정	지역	상세 내용
1일	인천 – 비엔티엔	비엔티엔행 비행기 탑승 비엔티엔 도착 후 숙소로 이동
2일	비엔티엔 – 방비엥	비엔티엔에서 방비엥으로 이동(4시간) 오후 자유 일정
3일	방비엥	자유 일정
4일	방비엥	자유 일정
5일	방비엥 – 비엔티엔	오전 자유 일정 오후 방비엥에서 비엔티엔으로 이동 인천행 비행기 탑승
6일	인천	인천 도착

◇ 방비엥 자유 일정: 유이 폭포, 쏭강 튜빙, 쏭강 카약킹, 블루 라군
사전 예약 없이 현지에서 선택 가능

◇ 여행사 추천 일정은 4일차에 비엔티엔으로 이동하여 5일차 비엔티엔 관광이지만, 본인은 방비엥에서 하루 더 머무름.

TRIP 8

언제라도 훌쩍 떠날 수 있어 좋은 가까운 나라들

01 나의 버킷리스트 모녀 온천 여행, 일본

몇 년 전 있었던 원전 폭발사고로 여행을 꺼리는 사람도 있지만, 일본은 거리가 가까워 해외여행을 생각할 때 가장 먼저 떠올릴 수 있는 나라이다. 또한 계획하기에 따라서 제주도를 여행할 때 드는 비용과 비슷한 금액으로 일본 여행을 할 수 있기 때문에 나는 제주도를 방문한 횟수만큼 일본을 다녀왔다.

입사한 지 일 년하고도 한 달이 지난 3월의 어느 날, 엄마가 뇌출혈로 쓰러지셨으니 빨리 집으로 오라는 전화를 받았다. 책상 정리도 못하고 사무실을 뛰쳐나와 집으로 향하는 기차 안에서 온갖 불안한 상상으로 얼마나 울었는지……. 병원에 도착했을 때 내가 할 수 있는 일은 아무것도 없었다. 내가 부산으로 내려오는 사이 상황은 일단락 정리된 듯 오빠는 담담하게 상황을 설명해주었다. 수영장에서 갑자기 엄마가 쓰러지셨고, 다행히 수영 강사가 응급 처치하여 부산에서 뇌질환으로 가장 유명한 병원으로 옮겨졌다는 것, 엄마는 현재 중환자실에 계시고 의식은 있는데 사람은 잘 못 알아보는 것 같다고 했다. 수술은 다음날 아침 이루어질 예정인데 면회 시간도 끝나서 더 이상 병원에서 할 수 있는 것은 아무것도 없었다. 일단 집으로 돌아가 병원 생활에 필요한 짐을 꾸렸다.

가족력이라고 할 수는 없지만 외숙모께서 뇌출혈로 돌아가셨기 때문에 마음이 놓이질 않았다. 집에서 인터넷으로 검색을 해보아도 뇌출혈은 결국 중풍이라는 것, 그 예후는 기억상실증, 실어증, 사지마비…… 그런 단어들만 눈에 띄었다. '희망이란 없는 것일까.' 불안한 마음에 그날 밤은 뜬 눈으로 밤을 지새웠다.

다음날 아침 담당의로부터 수술에 대한 설명을 들었다. 드릴로 머리뼈에 구멍을 뚫고 가느다란 관을 연결한 다음 뇌에 고여 있는 피를 뺀다는 것이다. 상상만 해도 소름이 돋았다. 이어 최초 출혈이 있었던 부분, 피가 고여 있던 부분의 뇌세포는 이미 죽었기 때문에 그 부분이 관할하는 기능은 예전과 다를 것이라고 했다. 말은 그렇게 했지만 결국 어젯밤 찾아본 대로 기억상실, 실어, 사지마비가 올 수 있다는 의미였다. 수술이 잘못되어도 책임을 묻지 않겠다는 동의서에 사인을 하면서 그저 수술이 잘 되기를 바랄 수밖에 없었다.

다섯 시간이 넘는 지루한 기다림 끝에 드디어 수술은 끝났다. 다행히 수술은 잘 되었고, 중환자실로 옮겨졌지만 하루 두 번 면회시간에 보았을 때 엄마의 상태는 양호했다. 사람도 알아보고 조금 느렸지만 말도 할 수 있었고, 얼굴도 비뚤어지지 않았으며 오른손도 움직일 수 있었다. 불행 중 다행으로 뇌의 오른쪽 혈관만 파열하여 몸의 왼쪽 팔, 다리에 마비가 온 것이었다. 그래도 재활치료와 운동을 하면 마비된 팔, 다리가 정상 수준은 아니어도 혼자 움직일 수 있을 정도는 돌아온다니 희망이 있었다. 나는 엄마가 일반 병실로 이동하는 것까지 확인한 후 다시 일상으로 돌아왔다.

생사의 갈림길 앞에서 오락가락 할 때는 제발 목숨만은 살려달라고 기도에 매달리기 때문에 주변의 다른 상황은 아무것도 보이지 않는다. 하지만 막상 생명에 지장이 없다는 것을 확인하면 그 이후부터 다른 고통들이 보이기 시작한다. 새롭게 생명을 얻은 엄마의 신체 상태는 아기와 마찬가지였다. 오른손을 쓸 수 있다는 것은 숟가락질, 양치질을 할 수 있다는 의미였고 그 외 모든 사소한 움직임은 사람의 도움이 필요했다. 혼자서는 돌아눕지도, 앉지도, 옷을 갈아입을 수도 없었다. 배변 훈련을 위해 기저귀도 차야 하는 상황이었다. 오빠와 나, 둘 다 사회생활을 하느라 병원에 계속 있을 수 없어 24시간 전문 간병인을 써야 했다.

뇌출혈은 완치가 되는 병이 아니다. 아주 오랜 시간에 걸쳐 눈에 띄지 않을 만큼 천천히 호전될 뿐이다. 그리고 그 기간만큼 꾸준하게 치료하는 것을 전제로 한다. 그래서 어른들은 흔히 뇌출혈을 '돈 먹는 지랄 같은 병'이라고 하신다. 엄마의 병원 생활은 몇 년 동안 지속되었는데, 가장 경제적으로 힘든 부분은 24시간 간병인 비용을 대는 것이었다. 병원비야 카드 결제도 되고, 장기간 입원할 경우 한 달에 한 번 중간 정산을 하면 퇴원 전까지 여유가 있는데 간병인비는 열흘마다 한 번씩 현금으로 드려야 했다. 일당 55,000원(현재는 8~9만원까지 올랐다),

한 달을 계산하고 나면 내 월급은 10만원도 남지 않았다. 적금을 깨고 마이너스 통장으로 하루하루를 연명했다.

스물여섯, 직장생활 2년차. 이제 겨우 경제적으로 독립하여 돈 모으는 재미, 나에게 투자하는 재미, 돈 쓰는 재미를 알아갈 때쯤 이 모든 것들이 사라졌다. 차압당하듯 월급은 급여 통장을 스치고 지나갈 뿐이었다. 야근과 주말 특근을 해도 마이너스의 구멍은 메워지지 않았다. 그나마 내가 최소 생계를 유지할 수 있었던 것은 회사 기숙사에서 지내며 세 끼 식사를 사내 식당에서 해결할 수 있었던 혜택 덕분이었다.

지금 상황이 너무 고달프고 내 처지가 서글퍼 일하다가도 문득 화장실로 가서 물 내리며 소리죽여 운 적이 한 두 번이 아니었다. 어려운 경제 상황을 비관하여 자살했다는 기사를 보면 충분히 그럴 수 있으리라 생각했다. 80년대 한국 영화 속에서 봤던, 집안이 갑자기 망해서 인생의 바닥까지 곤두박질쳤던 비련의 여주인공들과 내 처지가 다를 바 없다고 생각했다. 그렇게 모든 걸 포기하고 싶을 때쯤, 회사에서 보너스가 지급되었다. 너무나 쓸 곳이 많았지만 내 머릿속에 떠오르는 단어는 단 하나, 바로 '여행'이었다. 그렇게 떠나게 된 곳이 일본이었다.

부산에서 배를 타고 규슈지역으로 여행을 떠나면 30만 원이 채 안되는 가격으로 왕복 승선권과 규슈레일 패스를 구매할 수 있고 비즈니스 호텔을 이용하면 숙박비 역시 20만원 내외로 해결 가능했다. 저렴한 비용으로 4박 5일 여행이 가능해지자 회사 동료 애경이 관심을 보여 함께 여행을 떠나기로 했다. 우울했던 일상에 갑자기 생기가 돌았다.

규슈 지역으로 여행을 떠난 목적은 온천을 즐기기 위해서였다. 비록 삼복더위가 시작되는 여름이지만 뜨끈한 온천물에 그간의 피로를 씻어내고 싶었다. 벳푸와 유후인을 중심으로 온천 여행을 하기로 했다.

벳푸의 지옥 온천 순례는 흔히 생각하는 온천욕이 아니라 주제별로 각기 다른 9개의 지옥을 구경하는 것이었다. 굳이 9개를 다 볼 필요는 없다는 정보를 듣고 귀산지옥, 해지옥 이렇게 두 개만 선택하여 순례를 시작했다.

귀산지옥은 악어지옥으로도 알려져 있는데 온천의 열기를 이용하여 백 마리가 넘는 악어를 키우는 것으로 유명하다. 악어는 자기들끼리 물어뜯고 싸워 가죽이 찢겨 피를 흘리는 놈도 있었고, 코끝이나 팔다리가 잘린 놈도 있었다. 이곳에 빠지면 악어에 물려서 한 번, 뜨거운 온천물에 튀겨져서 또 한 번, 이렇게 두 번 죽겠구나, 하는 생각이 들었다.

>>> 혈지옥

>>> 귀산지옥

두 번째로 순례한 해지옥, 일명 바다지옥은 온천수 색깔이 마치 바다처럼 파랗다고 하여 그렇게 이름이 지어졌다. 보기에는 맑고 영롱한 에메랄드 빛 온천이 계란 썩은 듯한 유황냄새와 연기가 함께 어우러져 새로운 광경을 연출해내고 있었다.

해지옥의 반전은 온천수의 온도였다. 온천물이 파란색이어서 온도가 낮다고 생각되지만, 금방 계란을 삶을 수 있을 만큼 뜨거웠다. 실제 온천 안으로 드리워진 대나무 막대가 있었는데 끝에 바구니를 매달아 달걀을 삶아 내고 있었다. 삶은 계란을 먹으면 장수한다고 많은 사람들이 사 먹는 틈에 끼어 나도 한 알을 사 먹었다.

해지옥을 나오면 작은 혈지옥을 볼 수 있었다. 바위마저 빨간 색으로 물들인 핏빛 온천물은 용암이 끓는 듯했고 여기에 빠지면 정말 뼈까지 녹아 사라질 것 같았다.

하늘 아래 새로운 것은 없다고 민속극이나 괴기담 속에 나오는 지옥의 이미지는 상상 속에서 창조된 것이 아니라 바로 여기를 본 사람들이 구전하고 거기에 시간이 지날수록 말이 조금씩 보태어져 지금 우리가 흔히 떠올리는 모습으로 굳어진 것 같았다.

지옥 순례도 재미있었지만 모래찜질과 노천탕을 코스로 즐길 수 있는 대형 온천도 좋았다. 숙소 근처에 있는 동네 목욕탕인데 탕 하나만 있는 자그마한 온천도 정감이 있었다. 정말 4일 동안 하루도 빼놓지 않고 매일 온천을 즐겼다.

규슈 지역은 발품을 팔아 관광할 거리가 많지 않고 온천과 쇼핑, 휴양을 하기에 좋은 지역이라 모녀가 함께 여행하는 사람들이 유난히 많이 보였다. 한국을 떠나면 완전히 여행에만 집중하느라 가족들 생각은 잘하지 않는데, 모녀 커플을 보자 엄마 얼굴이 떠올랐다. '나도 엄마와 함께 이곳에 여행올 수 있을까?' 생각하자 너무나 까마득하게 먼 미래의 일로 생각되었다. 상상조차 하기 힘들었지만, 그래도 언젠가는 이곳을 다시 찾으리라 생각했다.

결코 짧지 않은 시간이었지만, 10년의 세월이 흐르자 어느새 엄마도 앉아있을 땐 장애가 있다는 것을 주변사람들이 알아차리지 못할 만큼 많이 호전되었다. 물론 지금도 일상생활을 하기 위해서는 주변의 도움이 필요하지만, 서울 – 부산 4시간 반의 버스 이동도 가능해졌다. 부산에서 출발하면 서울보다 가까운 규슈 지역, 언제까지나 불가능하리라 생각했던 것이 어느 정도 가능성이 보이는 지금, 엄마와 함께 여행하는 것이 나의 버킷리스트이다.

02 바다보다 여유, 사이판

회사 생활의 힘든 점 중 하나는 내 의지대로 스케줄을 조절할 수 없을 때라고 생각한다. 가끔 아무런 예고 없이 갑자기 휴가가 생겼으니 원하는 사람은 휴가를 써도 된다고 통보를 받는 경우가 있었다. 휴가는 언제든지 반갑지만 계획이 없는 상태에서 생긴 갑작스런 휴가는 방구석에 누워 TV만 보게 되고 그런 무의미한 휴식은 아쉬움만 남길 뿐이었다.

어느 해 12월 26일, 공장 휴무로 29~31일 일괄 동계 휴가에 들어간다고 통보를 받았다. 내게 있어 휴가를 가장 의미 있게 보내는 방법은 여행을 가는 것이었고 시기가 한창 추운 겨울인 만큼 얼내 휴양시로 가고 싶었다. 딱 떠오르는 곳은 사이판이지만 이런 곳은 분명 커플이나 가족끼리 올 것이 뻔했다. 연말에 여자 혼자 리조트로 여행을 간다면 이때껏 혼자 여행하면서 느끼지 못했던 서글픔과 궁상을 온몸으로 느낄 것 같았다.

여행을 준비할 수 있는 시간은 단 삼 일이었고, 여행 동행을 구하려면 회사 동료 중에서 찾아야 했다. 누구랑 함께 갈 것인가 물색하던 중 회사 기숙사에서 함께 방을 쓰는 지영이 떠올랐다. 마침 지영도 별다른 계획이 없어 보여 옆에 바싹 붙어 앉아서 사이판으로 함께 여행을 가자고 이야기를 꺼냈다. 휴가 때 방구석에만 있어봤자 뭐 하겠느냐, 이 때 아니면 언제 휴양지로 마음 편하게 여행 갈 수 있겠느냐, 연말 보너스도 나왔으니 시기적으로 딱 좋다, 라는 등 호기심을 불러일으킬 만한 갖은 말로 유혹했다. 나는 기숙사 안에서 지영과 눈만 마주치면 사이판을 들먹였고 업무 시간에도 계속 사이판 여행 관련한 내용을 메신저로 보냈다.

나의 적극적인 설득 끝에 드디어 지영도 함께 여행을 하기로 마음을 먹었다. 여행을 준비할 시간도 없었고 나 혼자 가는 것이 아닌 친구와 동행하는 것이었기 때문에 나의 여행 역사상 처음으로 한국인 가이드가 있는 3박 4일 패키지여행 상품을 예약했다. 첫째 날 저녁에 출발하고 마지막 날 새벽에 도착하는 상품이라 실제 사이판에서 보내는 시간은 이틀이었지만 우리에게는 군더더기 없이 알찬 일정이었다.

4시간 반 만에 도착한 12월의 사이판은 건기의 중간 시점이라 덥지만 건조한 날씨였다. 미리 여름옷을 안에 입고 와서 코트만 벗자 바로 현지 날씨에 적응할 수 있었다. 첫날은 새벽 두 시 도착으로 별다른 일정 없이 숙소로 바로 향했다. 매우 졸렸지만, 호텔 로비에 있는 커다란 크리스마스 트리가 보였다. '이곳에서는 산타가 빨간색 수영복을 입을까?'라는 생각을 하자마자 잠에 곯아떨어졌다.

다음 날 오전 9시 가이드가 호텔 로비로 픽업을 하러 왔다. 봉고에 먼저 타고 있던 투어일행은 우리보다 나이가 더 많아 보이는 커플 한 쌍이 전부였다. 가이드로부터 사이판은 운전을 할 수 있으면 굳이 그룹 투어를 할 필요는 없다는 말을 들으니 빨리 장롱면허에서 탈출해야겠다는 생각이 들었다.

오전 일정은 사이판 관광이었다. 마냥 휴양지로만 생각되던 사이판은 태평양 전쟁 당시 미국과 일본이 치열하게 전쟁을 벌인 곳으로 전쟁의 흔적이 아직도 곳곳에 남아 있었다. 폭탄과 탱크가 버려진 자리는 그대로 야외 전쟁박물관이 되었다. 무기 옆에는 일본군의 죽음을 애도하는 크고 작은 비석이 있는데, 비석 앞에 향과 꽃이 놓인 것으로 봐서 사람들이 자주 방문하는 모양이었다. 가이드 말로는 바닷속에는 폭격기의 프로펠러, 엔진, 날개, 조종석 등 가라앉은 전쟁 무기가 훨씬 많으며, 다이빙을 하면 그것들이 녹슬어 있는 상태 그대로 볼 수 있다고 했다.

다음으로 이동한 곳은 만세 절벽과 자살 절벽이었는데 짐작한대로 일본군이 만세를 외치며 자살했기 때문에 이런 이름이 붙었다고 했다. 새파란 하늘과 하늘보다 더 파란 바다, 이렇게 아름다운 경치를 앞두고 자살을 선택했던, 또는 강요당했던 군인들과 민간인의 심정은 어떠했을지 생각해보았다. 일부는 전쟁에 패망한 나라와 그 운명을 함께하겠다는 애국심이었겠지만, 나와 같은 일반인에겐 그저 국가라는 이름으로 자행된 폭력일 것 같았다.

가이드는 여기에서 드라마 「여명의 눈동자」를 촬영했다는 말을 덧붙였다. 그 드라마가 상영될 당시 나는 초등학교 6학년이었는데 살아있는 뱀을 뜯어 먹는 등 파격적인 장면과 해외 로케이션의 다양한 볼

거리들로 잠을 못 이룰 만큼 강한 인상을 남긴 드라마였다.

임신하여 배부른 상태의 여옥과 하림이 처음 만나게 된 곳이 사이판이라니……. 하얀 기저귀가 펄럭이던 장면과 하림이 여옥의 출산을 도와주고 아기도 함께 보살펴주던 장면이 떠올랐다. 그리고 군인과 민간인들이 동굴에서 집단 자살하는 장면도 생각났다. 어릴 적 드라마 촬영지가 막연하게 외국이라고 생각했었는데 그곳이 여기였구나, 하는 생각에 감회가 새로웠다.

평소 좋아하는 영화의 촬영지를 직접 찾아가는 여행을 하리라 생각하고 있었던 터였다. 사이판에서 드라마 촬영을 했을지는 상상도 하지 않고 왔는데 예상치 못한 수확이었다. 지영과 나는 투어가 끝나고 나서도 추억의 드라마 이야기를 하면서 90년대 초를 회상하며 꽤 오랫동안 감상에 젖어들었다.

셋째날 일정은 마나가하 섬 호핑 투어였다. 원래 물놀이와 수영을 좋아하는 데다가 바다낚시와 스노클링을 하는 호핑 투어는 처음 하는 것이어서 기대가 컸다. 가이드와 현지인 헬퍼가 오징어를 썰어서 미끼를 만든 후 낚싯줄에 끼워주고 낚시하는 방법을 알려주었지만, 낚시는 그렇게 호락호락하지 않았다. 물고기가 찌를 물었을 때 손바닥에 탁탁 치는 느낌이 온다고 했는데 바람과 파도로 찌가 흔들리는 것과 구별하는 것이 쉽지 않았다. 한 시간 가까이 낚싯대를 드리웠으나 결국 한 마리도 잡지 못했다. 나뿐만 아니라 배에 탔던 대부분의 사람이 허탕을 쳤다.

사람들이 고기가 안 잡힌다고 하자 가이드는 능숙한 솜씨로 순식간에 몇 마리를 잡아 올리더니 칼로 회를 뜨기 시작했다. 비록 옮겨 담을 접시도 없어 도마 채로 먹는 회였지만 초고추장과 소주를 곁들이자 그럴듯한 상차림이 되었다. 먹으라는 권유에 처음엔 사양했지만 맛으로 먹는 게 아니라 재미로 먹는다는 가이드의 말에 못이기는 척 회 한 점에 소주 한 잔을 곁들였다.

태양은 이글거리고 바다 위 두둥실 떠있는 배에서 직접 잡아 바로 뜬 회를 먹으니 소주가 목구멍으로 넘어갈 때는 "캬~!"하는 감탄사가 절로 나왔다. 같은 배에 탔던 한국인 모두 고기를 낚지 못해 속상해 하던 표정은 소주 한 잔에 금방 사라졌다.

그렇게 회와 소주로 낚시를 마무리한 후배는 마나가하 섬으로 이동하여 정착했다. 섬에서 스노클링과 물놀이, 선탠을 할 수 있도록 두 시간의 자유 시간이 주어졌다. 파도가 잔잔하고 물이 깨끗하여 모래사장에 가까운 얕은 물에서도 니모와 같은 화려한 색깔을 가진 물고기들을 볼 수 있었다.

사이판에 오는 사람들은 전부 마나가하 섬으로 오는지 작은 섬은 사람들로 금방 북적이기 시작했다. 특히 어린 아이를 데리고 오는 젊

>>> 마나가하 섬

은 부부가 많았는데 그 모습을 보자 혼자 여행하지 않고 지영과 함께 오기를 정말 잘했다는 생각이 들었다.

패키지에는 호텔 조식을 비롯하여 세끼 식사가 모두 포함되어 있어서 현지 음식을 먹어 볼 기회는 없었다. 사이판 고유의 음식은 아니지만 먹었던 음식 중에서 생 참치회가 아주 일품이었다. 이때까지 먹던 냉동 참치와 달리 신선한 생참치는 육질에서 붉은색 윤기가 반지르르 흐르고 탄력 있어 입 안에 들어가는 순간 젤리를 먹는 것처럼 탱탱한 식감이 느껴졌다. 한 끼의 참치 정식으로 참치가 느끼하다는 기존의 편견을 순식간에 잠재울 수 있었다.

저녁 식사를 마치자 사이판에서의 모든 일정이 끝이 났다. 몇 시간 후, 새벽 2시 50분 비행기를 타고 한국으로 돌아가면 새해의 첫 새벽을 맞이할 수 있었다. 비행기를 기다리는 동안 시계 바늘이 12시를 가리키자 하늘에서는 폭죽이 터지면서 사람들은 서로 새해를 축하하는 인사를 나누었다. 추위에 떨면서 제야의 종소리를 듣는 것이 아니라 여름의 한복판에서 터지는 폭죽을 보며 새해를 맞이하는 것 또한 새로운 경험이었다.

패키지여행의 특성상 가이드 팁을 별도로 지불해야 하는 점이나 매일 쇼핑센터로 이끌고 가는 것은 어쩔 수 없었지만, 그것만 감안하면 나름 만족스러운 여행이었다.

최근 사이판은 태교 여행지로도 인기가 높다고 한다. 사이판을 여행할 당시의 나는 결혼, 임신, 태교 등과는 전혀 상관이 없다고 생각했지만 나도 어느새 결혼을 해서 가정을 이루게 되었다. 사이판은 언젠가 남편과 아이와 함께 다시 한 번 찾고 싶은 여행지로 남아 있다.

03 태고의 비밀을 갖고 있는 신비의 성전, 캄보디아

어느 때부터인가, 영화를 보면서 인상 깊었던 장면이 있으면 그 촬영지에 꼭 가고 싶다는 생각을 하였다. 그곳에 가면 감독이 전달하고자 하는 메시지를 알 수 있고 주인공의 섬세한 감정까지 실감나게 느낄 수 있을 것 같았기 때문이다. 캄보디아는 두 편의 영화에서 아주 잠깐 나왔지만 깊은 인상을 남겼던 곳이다.

그 첫 번째 영화는 「화양연화」인데 각자의 아내와 남편의 외도를 알아차린 남녀의 비밀스런 사랑 이야기이다. 대사도 거의 없고 그 어떤 직접적인 장면도 드러나지 않지만 애절한 사랑이 느껴지는 영화, 처음 보았을 때는 재미없게 느껴지다가도 여운을 강하게 남겨 몇 년이 지나도 생각나서 다시 보게 되는 영화, 장만옥이 입었던 딱 달라붙는 치파오 중국 여성이 입는 원피스 모양의 의복 의 아름다움에 매료되어 중국 출장 간 친구에게 부탁해서 한 벌을 샀지만, 입자마자 실밥이 터진 굴욕을 안겨 준 영화였다. 두 사람의 사랑이 이루어지지 않고 끝이 나지만 남자 주인공이 앙코르와트에 가서 성전의 벽 구멍에 대고 자신의 사랑 이야기를 털어 놓은 후 진흙으로 구멍을 메우는 마지막 장면이 오랫동안 기억에 남았다.

두 번째 영화는 「툼 레이더」이다. 여주인공 라라는 고고학자인 아버지가 실종된 이후 아버지가 숨겨놓은 유물 중에서 시간과 우주를 여는 열쇠가 있음을 알게 된다. 그녀는 우주 정복의 야망을 품은 비밀조직을 저지하기 위해 그 열쇠를 찾으러 나서는데 첫 번째 열쇠가 숨겨져 있는 곳이 앙코르와트였다.

이 두 영화 모두 앙코르와트는 비밀과 관련된 곳으로 묘사되어 나에게 신비하고 매력적인 곳으로 다가왔다. 나도 그곳으로 가면 홀가분히 마음의 짐을 내려놓고 성스러운 기운을 받을 수 있을 것 같았다. 그래서 여름휴가로 캄보디아에 가고 싶다고 생각했었고, 일본 여행을 한 다음해에 애경과 두 번째 여행을 하게 되었다. 가족이나 어릴 때부터 함께 자란 소꿉친구와도 여행을 떠나기란 쉬운 일이 아닌데, 애경과는 두 번이나 함께 여행을 하다니 독특한 인연이었다.

앙코르와트는 배경 지식이 없으면 다 비슷비슷한 돌무더기로만 보이기 때문에 사전학습이 필요하다고 했다. 항공권 예약을 마치고 애경과 나는 매일 퇴근 후 영화 두 편을 돌려보면서 장면마다 장소가 어디인지 관련 자료를 찾아보았다. 마침 도올 김용옥 교수가 쓴 『앙코르와트·월남 가다』라는 책도 출간되어 여행 준비에 많은 도움이 되었다.

그렇게 준비와 기대를 많이 했지만 캄보디아는 출입국심사 할 때부터 첫인상이 좋지 않았다. 비자가 필요한 국가인데 기내에서 서류를 작성하고 씨엠립Siem Reap 공항에서 바로 비자 발급이 가능했다. 나와 애경, 두 사람의 서류와 수수료 50달러를 냈다. 비자 발급 비용이 일인당 20달러여서 당연히 10달러를 거슬러 받을 줄 알았는데, 웬걸 팁이라면서 몽땅 가져가 버렸다. 대신에 줄을 서지 않아도 된다며 뒤로 길게 늘어서 있는 줄을 무시하고 새치기해서 들여보내주었다. 너무 순식간에 일어난 일이라 어이없고 당황스러웠다. 내가 요구하지도 않았는데 자기들이 돈을 떼어먹고 선심 쓰는 척 하다니. 이미 안으로 들어와 버려서 되돌아가 따질 수도 없었다. 10달러, 큰돈은 아니지만 눈 뜨고 소매치기를 당한 것 같아 기분이 유쾌하지 않았다.

호텔 로비에서 가이드를 만나 앙코르와트 3일 입장권을 구매하고 기사를 포함한 택시도 예약했다. 시간이 이미 늦은 오후였기에 유적지 탐방은 내일부터 시작할 예정이라 저녁을 일찍 먹고 시내를 둘러보기로 했다.

「툼 레이더」 촬영 팀이 자주 이용했다는 '레드피아노'라는 레스토랑을 찾아갔다. 빨간 색 벽면과 이름 그대로 놓인 빨간 색 피아노가 인상적인 식당이었다. 주문한 음식은 캄보디아 카레인 아목Amok이었다. 바나나 잎에 싸서 찐 생선에 소스를 얹은 것으로 무척 부드럽고 촉촉했다. 익숙지 않은 향신료가 들어있지 않고 맛도 좋았기에 접시에 담긴 음식은 남김없이 모조리 다 먹어 치웠다.

실패 없는 메뉴 선택과 저렴한 가격에 애경과 나는 만족한 상태로 식당을 나와서 발마사지를 받기 위해 거리로 나왔다. 길을 가는데 누군가 "마담" 하고 부르는 소리가 나서 뒤를 돌아보았다. 이제 일곱 살이나 되었을까, 두 팔이 다 잘리고 한쪽 다리도 없는 어린 아이가 겨드랑이에 목발을 끼고 깡충깡충 뛰어 오는 것이었다. 지뢰를 밟아 사고를 당했다고 한다. 무방비 상태로 맞닥뜨려진 아이들의 모습은 충격이었다. 내가 놀란 상태로 멈춰 서자 순식간에 여러 명의 아이들이 다가와서 1달러를 달라고 구걸했다. 나는 어찌할 바를 몰랐고 그 자리를 빨리 떠나고 싶다는 마음에 도망치듯이 숙소로 돌아와 버렸다.

다음 날부터 본격적으로 앙코르와트Angkor Wat를 둘러보기 시작했다. 앙코르와트는 세계 7대 불가사의 중 하나로 앙코르 왕조의 사원이지만 현재는 캄보디아의 수많은 유적 전체를 총칭하여 가리키게 되었다.

처음으로 방문한 사원은 앙코르 톰Angkor Thom이었다. 남문 입구 양쪽으로 신 수라와 악마 아수라가 줄다리기를 하는 대형 조각상이 있었지만, 전부 목이 잘려서 제대로 남아 있는 동상이 없었다. 그나마

>>> 바이욘의 미소

머리 부분이 복원된 동상도 있었지만, 천 년 세월의 흔적을 기록한 몸과 복원한지 얼마 되지 않아 '나는 신상입니다'라고 쓰여 있는 듯한 머리는 부조화 그 자체였다.

관광버스는 아슬아슬하게 남문을 통과한 후 수십 명의 사람들을 뱉어냈다. 사원 벽면의 조각은 정교하고 아름다웠으며 각각의 이야기가 담겨있었다. 하지만 왁자지껄한 단체 관광객 때문에 조용히 감상하기가 쉽지 않았고, 사람에 떠밀려 스치듯 지나갈 수밖에 없었다. 그저 바이욘의 미소라 불리는 큰 바위 얼굴의 인자한 미소만 보고 숙소로 돌아왔다. 사람을 피하기 위해서 좀 더 이른 아침과 비가 올 때를 맞춰서 사원에 가기로 계획을 바꿀 수밖에 없었다.

››› 앙코르 일출

셋째 날은 새벽 4시 50분에 일어나 앙코르와트에서 일출을 보기로 했다. 세수도 하지 않은 채 옷만 갈아입고 나왔지만, 나만 부지런한 것은 아니었다. 자리를 잡고 앉아 기다리는 동안 관광객들이 하나 둘씩 몰려오기 시작했다. 그나마 아직 어둑어둑한 상태여서 사람들이 마구 움직이거나 목소리가 울리지 않는 것이 다행이었다. 경건한 마음으로 해가 떠오르기를 기다렸지만, 날씨가 도와주지 못했다. 결국, 일출 장면을 보지 못했다. 하지만 사원에서 맞이한 아침은 나의 마음을 차분하게 가라앉혀주었다.

호텔로 돌아와 식사를 한 후 반테아이 스레이Banteay Srei로 갔다. 작은 규모의 사원이지만, 아름다운 조각 때문에 프랑스 작가 앙드레 말로Andre Georges Malraux 역시 도굴을 시도하여 유명해진 곳이다. 어떻게 돌이 분홍빛을 띨 수 있을까, 돌은 보는 각도에 따라서 검은 빛과 녹색을 띠고 있었는데 불탄 흔적처럼 보이기도 했고 녹이 슬은 것처럼 보이기도 했다. 천상의 무희 압사라Apsaras 뱀의 신 나가naga, 그리고 다양한 신들의 조각과 정교한 문양으로 입구에 서 있기만 해도 전신 액자가 되었다. 여성스러운 느낌을 물씬 풍기는 반테아이 스레

>>> 앙드레 말로가 훔쳤다고 하는 비너스, 압사라

>>> 천상의 무희 압사라

이는 사원이라기보다 최고의 아름다움을 신께 바치는 신전 같았다. 하지만 결국 이곳도 사람들이 밀려오기 시작했다.

내가 영화를 보고 너무 환상만 키웠던 탓일까, 내가 직접 가서 본 사원은 단체 관광객이 내뱉는 중국어, 일본어, 한국어로 와글와글 시끄러워 비밀을 간직한 이미지로 상상하기 힘들었다. 내가 아직 성숙하지 못한 탓인지 돈을 달라고 따라오는 어린 아이들도 처음엔 마음이 불편하고 안쓰러웠지만, 며칠이 지나 익숙해지자 귀찮게 느껴졌다. 캄보디아 여행은 말로 표현할 수 없는 2% 부족한 마음이 들었다.

의도했던 바는 아니지만, 타 프롬Ta Prohm은 마지막 날 아침 7시에 가게 되었다. 다행히 날씨도 화창했고 관광객도 아직 오지 않아 입구에는 애경과 나, 단 두 사람뿐이었다. 한 줄기 비치는 빛과 조용한 산들바람이 마치 나에게 안으로 들어오라고 손짓하는 것 같았다. 울창한 숲을 지나자 조용히 그리고 담대하게 타 프롬이 그 모습을 나타내었다. 태생은 별개의 나무와 돌사원이었지만 숙명적으로 얼크러진 이들은 서로 떼려야

>>> 타 프롬 입구

뗄 수 없는 한 몸이 되어버렸다. 끈질긴 나무의 생명력은 쌓아 놓은 큰 돌들 사이 조금의 빈틈이라도 있으면 뿌리를 뻗었는데, 그 모습은 탐욕스런 뱀의 혀 같았다. 처음엔 나무뿌리로 사원이 무너졌지만, 이제는 그것이 오히려 사원을 지탱해주는 힘이 되었다. 인간의 피조물은 자연 앞에서 한낱 미물에 불가하다는 사실을 소리 없이 보여주고 있었다.

나뭇잎 사이로 비치는 햇빛, 한 마리의 나비, 그리고 새소리까지 영화 「툼 레이더」에서 주인공이 열쇠를 찾아가는 장면은 설정이나 과장이 아닌, 타 프롬의 있는 그대로의 모습을 담아낸 것이었다.

마지막으로 '신성한 소'라는 뜻의 프레아코 사원으로 갔다. 복원 작업이 한창 진행 중이었는데, 사원을 놀이터 삼아 뛰노는 아이들이

>>> 나무로 휘감긴 사원

>>> 복원중인 프레아코 사원

보였다. 우리를 보아도 아랑곳하지 않고 자기들만의 놀이에 열중하였는데, 구걸이나 기념품 판매를 하지 않는 아이들을 캄보디아에 와서 처음 보았다. 아이들이 환경에 영향받지 않고 그 순수한 모습을 계속 유지했으면 하는 마음이 들었다.

앙코르와트는 내가 떠나는 날이 되어서야 한적하며 조용하였다. 사원의 참 모습을 겨우 볼 수 있었다. 캄보디아에 몇 년 일찍 왔더라면 더 좋았을 것이라는 생각이 들었지만, 몇 년 더 늦게 온다면 그땐 정말 상업화되어 지금의 감동마저도 사라질 것 같았다.

04 레게 머리의 추억, 태국

스물아홉이 되던 해, 나의 직장 경력에 변화가 생겼다. 부서가 바뀌면서 근무지 또한 구미에서 수원으로 이동한 것이다. 근무지가 100㎞ 이상 이동하게 될 때 3일간의 전배 휴가와 70만원의 전배 지원금이 주어졌다. 기혼자의 경우 이사할 집이며 아이들 전학 문제로 그 시간이 빠듯하지만, 그 당시 미혼인 나에게 3일의 휴가는 여행을 갈 수 있는 절호의 찬스였다. 원룸 이사는 주말에 해치우고 태국 항공권부터 먼저 알아보았다.

태국은 백패커들의 천국이자 성지로 알려져 동남아 여행의 일번지로 가고 싶다는 생각을 늘 하던 곳이었다. 다행히 주중 태국 출발 티켓이 많아서 수요일 출국, 일요일 도착의 4박 5일 일정으로 항공권을 구매할 수 있었다. 월요일 휴가 결제를 올린 후 수요일 바로 출발하는 무계획의 리프레시 여행을 하게 되었다. 일정이 빠듯해서 여행 카페에 가입해서 동행을 찾을 수는 없었고, 책 한 권 달랑 들고 비행기에 올랐다.

나는 이번 여행의 콘셉트는 일탈로 설정하고, 70만원 한도 내에서 여행을 하자는 미션을 스스로에게 부여했다. 여름휴가 때는 또 다른 나라로 여행을 갈 예정이기에 아껴야 했다. 항공권 구매에 48만 3천원을 사용하여 이제 남은 돈은 21만 7천원이었다.

비행기에서 내리자마자 택시를 잡고 카오산 로드로 향했다. 카오산 로드에는 음식점, 마사지샵, 현지 여행사, 게스트하우스, 노점상이 즐비했고, 어디든 잘 보이는 곳에 가격표가 붙어 있었다. 환율을 계산해보자 4박 5일을 먹고 자는데 20만 원으로 충분히 할 수 있겠다는 생각에 마음이 편안해졌다. 일단 개인 화장실과 샤워실, 에어컨이 딸린 숙소를 잡았다. 1박에 보증금 500바트[한화 15,000원]에 숙박비 370바트[한화 11,100원]인 방인데 상태가 괜찮았다.

짐을 내려놓고 레게 머리를 할 수 있는 곳을 찾아 나섰다. 내 나이 스물아홉, 서른을 앞두고 남들 기대에 맞춰 살아온 지난날들이 아쉽다는 생각이 들었다. 다른 사람이 어떻게 생각할까 눈치보고 신경 쓰느라 몸을 사리고 다음 기회로 넘겨왔던 일들이 조금씩 후회로 다가왔던 것이다. 더 늦기 전에 더 후회하기 전에 무엇인가 화끈하고 대담한 일탈을 해보고 싶었는데, 가장 먼저 떠오르는 것이 헤어스타일을 바꾸는 것이었다. 실연을 당하고 나서도 가장 먼저 하는 일이 미용실에 가는 것처럼 심경의 변화는 헤어스타일의 변화에서 드러나는 것이다. 내가 생각한 가장 파격적인 형태는 가수 BMK처럼 레게머리를 하는 것이었다. 태국에서 레게 머리를 땋는 것이 한국에 비하여 아주 저렴하다는 것을 예전부터 알고 있었다. 한국에서 할 경우 저렴하게 하면 10만 원, 보통 20만 원이 넘는 가격인데 숙소를 예약하러 가는 길에 보였던 가격표에는 1~2만 원 정도로 한국의 커트가격 수준이었다. 아무래도 미용실보다 노점에서 하는 것이 가격이 더 저렴할 것 같아 노점 한 군데를 정하고 매대 앞에 놓인 의자에 앉았다. 내 머리카락이 짧아 팔꿈치까지 내려오는 길이의 가발을 붙이고 빨간색 가발을 몇 가닥씩 섞어 포인트를 넣어달라고 했다. 가발 때문에 비용은 1,200바트약 36,000원로 예상보다 좀 더 비싼 가격이었지만, 감당할 수 있는 금액이었다.

흥정이 끝나자 나의 오른쪽, 왼쪽에 한 명씩 달라붙더니 가르마를 타고 물을 발라가면서 머리를 땋기 시작했다. 내가 가발뭉치에서 15가닥씩 뽑아내어 두 명의 시술자에게 전달을 하면 그들은 내 머리와 가발을 연결해서 한 가닥을 완성했다. 1시간이 지나자 가만히 앉아 있는데도 땀이 흐르고 엉덩이도 배겼다. 시술하는 사람들도 땀을 닦아가며 자기들끼리 태국말로 이야기하는데 내 머리숱이 많아서 일이 많다고 불평하는 듯했다.

드디어 세 시간 만에 레게 머리가 완성되었다. 거울 속의 나는 완전 다른 사람이 되어 있었다. 고개를 살짝 숙이자 내 두피는 그야말로 수많은 밭 전(田)자로 이루어져 있었다. 골마다 바람이 솔솔 들어와서 머릿속이 시원해졌다. 시술했던 사람들에게 다양한 헤어스타일 연출법과 스스로 머리 푸는 법까지 전수받은 후 비용을 지불하고 거리로 나섰다.

어느새 저녁이 되어 식당을 향하여 걸어갔다. 단지 헤어스타일만 바꿨을 뿐인데도 머리가 예쁘다며 어디서 했는지 말을 거는 사람이 많았다. 나이도 이제 고작 스물 두 세 살 정도로 보인다며 원래보다 일곱, 여덟 살이나 어리게 봐주니까 기분도 한층 고무되었다. 스스로 이미지 변신에 성공했다는 만족감에 피곤한지도 모르고 카오산 로드의 밤거리를 마음껏 걸어 다니다가 숙소로 돌아왔다.

숙소에서 잠을 자려고 하자 예상치 못했던 불편한 점이 하나둘씩 생겨났다. 침대에 누웠는데 고개를 이리저리 돌리고 베개를 다양한 방법으로 받쳐 보아도 가발과 머리카락 때문에 밧줄을 베고 누운 것처럼 목과 머리가 딱딱했다. 머리카락이 어깨에 깔려 있는 상태에서 고개를 움직이면 누가 내 머리채를 휘어잡은 듯이 아팠다. 첫날은 불편해서 잠이 오지 않았다.

다음 날 시내 관광을 위해 오전부터 돌아다녔는데, 뜨거운 햇볕에 두피가 타는지 머릿속이 따끔따끔해졌다. 역시! 신은 허투로 머리카락을 만든게 아니었다. 여태 머리카락이 두피를 보호했던 것이다. 그때부터 두건을 머리에 써서 햇볕을 가리기 시작했다.

오후에는 열을 식힐 겸 게스트하우스에 딸린 수영장에서 수영을 했는데, 머리카락이 물에 잠기자 가발이 물을 흡수하면서 머리카락의 무게가 두 배로 무거워졌다. 손으로 머리카락을 잡아서 받치지 않으면 목을 가누기가 힘들 정도였다. 조선시대에 가체 무게로 목이 꺾여 죽었다던데 내가 딱 그 꼴인 것 같았다. 레게머리를 한 지 삼 일째가 되자 두피가 가렵고 냄새도 나기 시작했다. 예전에 토크쇼에서 모 연예인이 레게 머리를 한 후 알코올로 두피를 닦았다는 말이 생각났지만, 관광지에서 알코올을 구하기란 쉬운 일이 아니었다. 중간에 머리를 풀고 싶은 마음이 꿈틀댔지만, 혼자서는 도저히 할 수 없을 것 같아서 며칠만 더 견디기로 했다. 그래서 생각한 방법이 칫솔로 머리를 감는 것이었다. 칫솔에 샴푸를 묻혀 두피 사이사이를 살살 문지르고 샤워기 물을 강하게 틀어 헹궈내자 훨씬 개운해졌다.

머리하랴, 밤에는 트랜스젠더들이 공연하는 칼립소Calypso 쇼를 보랴, 어느새 10만원을 써버렸다. 숙박비를 아끼기 위해 더 저렴한 게스트하우스로 옮기기로 했다. 숙박비 150바트한화 4,500원, 보증금 500바트한화 15,000원인 방은 에어컨 대신 대형 선풍기가 천장에 매달려 있고 화장실과 샤워실은 공용이었다. 창문이 있지만, 밖이 보이지 않고 열리지도 않아 마치 고시원 같기도 했다. 밤에 나 홀로 심심할까 봐 개미, 거미, 바퀴벌레들도 나와서 반겨주었지만, 다행히 침대 위로는 올라오지 않았다.

>>> 트렌스젠더의 공연, 칼립소 쇼

방에 있으면 우울해졌지만, 식당을 겸한 로비는 그야말로 다양한 배낭여행객들의 집합소였다. 반쯤 드러누워 TV를 보는 사람, 책을 보는 사람, 맥주를 마시는 사람 등 자유로운 분위기였다. 굳이 내가 먼저 적극적으로 나서지 않아도 말 걸어주는 사람이 많았고, 한국말이 유창한 외국인이 많아서 심심하지 않았다.

먹는 비용은 이미 길거리 음식을 사먹는 것으로 절약하고 있었는데 그 종류가 다양하고 맛도 좋아서 굳이 식당에서 먹어야 할 필요성을 느끼지 못하였다. 25바트[한화 750원]로 사먹는 바나나 팬케이크인 로띠[roti]는 달콤하게 초코시럽까지 뿌려주기 때문에 간식이면서 한 끼 식사도 되었다. 그 외 바비큐 꼬치, 냉커피가 10바트[한화 300원], 과일꼬치, 채 썬 코코넛이 뿌려진 삶은 옥수수, 볶음 쌀국수 팟타이가 20바트[한화 600원], 생과일과 시리얼을 함께 먹는 요구르트가 40바트[한화 1,200원] 등 주전부리로 입이 쉴 틈이 없었다. 저렴한 가격으로 잘 먹었기 때문에 예전처럼 여행 비용을 절약하는 것에서 오는 스트레스가 없었다. 여행하는 동안 스스로에게 부여한 미션인 '70만원으로 여행하기'는 성공했다. 그리고 시간이 흘러도 가까운 사람조차 누구인지 알아보지 못하는 파격 변신의 모습도 사진으로 많이 남겼다. 그때 레게 머리를 할 때 붙였던 가발 몇 가닥은 지금도 기념으로 간직하고 있다. 태국 여행은 오랜 시간이 지나도 그때의 기억은 '정말 머리가 가려웠지. 두 번은 못하겠다'며 웃으면서 떠올릴 수 있는 추억 거리가 되었다.

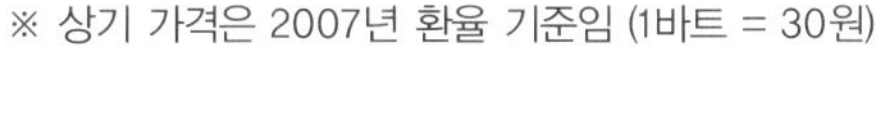
※ 상기 가격은 2007년 환율 기준임 (1바트 = 30원)

>>> 로띠 등 먹을 거리

05 가족의 일부가 된 여행, 보라카이

입사 후 5년이 되자 그동안 출장과 여행으로 적립된 아시아나 항공 마일리지가 6만 9천500점이 되었다. 조금만 더 분발하면 미주, 유럽 항공권을 얻을 수 있는 7만 고지가 눈앞에 온 것이다. 물론 주변에 백만 마일리지를 보유하신 분도 있지만, 본인은 정작 바빠서 마일리지를 쓸 시간이 없고 가족들이 대신 그 혜택을 누리는 경우가 많았다. 그래서 내가 직접 수혜를 받을 수 있는 시기인 미혼일 때의 7만 마일리지의 의미는 남달랐다.

나는 마일리지로 미국 또는 유럽을 또 혼자 여행하겠지, 라는 막연한 상상을 할 때쯤 해외출장을 거의 가지 않는 부서로 옮기게 되었다. 그리고 몇 년 후 예상치 못하게 신혼여행이 첫 해외여행인 사람과 결혼을 하였다.

결혼 후 나의 마일리지에 대해 거의 잊고 지낼 때쯤 아시아나에서 한 통의 메일이 왔다. 마일리지에 유효기간이 적용되어 일정 기간 내에 사용하지 않으면 소멸된다는 내용이었다. 평소 커피숍 쿠폰조차 잘 안 챙기지만 항공 마일리지만큼은 꾸준하게 모았기 때문에 소멸되기 전에 알뜰하게 써야겠다는 생각이 들었다.

나의 마일리지로 여행할 계획을 세우는데 남편과 함께 가려고 하자 두 사람이 7만 점 이내에서 갈 수 있는 곳은 일본, 중국뿐이었다. 예상했던 여행지가 미국, 유럽에서 일본, 중국으로 바뀌자 김이 팍 샜다. 남은 9,500점까지 효율적으로 사용할 수 있는 방법을 찾아보았더니 비수기에 본인 외 가족 항공권까지 마일리지로 구매할 경우 마일리지를 10% 할인해주는 제도가 있었다. 즉, 두 사람이 각각 동남아 지역을 가기 위해서는 8만이 필요한데 비수기에 가족이 함께 예매를 하면 7만 2천 점으로도 충분한 것이다. 다행히 남편도 국내선을 탈 때 아시아나를 이용한 적이 있어 두 사람 마일리지를 합산하자 7만 2천 점이 되었다.

가족 마일리지로 합산하기 위해서는 가족관계 증명서를 아시아나로 보내야 했다. 그때까지 남편과 나는 혼인신고를 하지 않아 서류상으로는 남남이었다. 신혼여행 이후 친지들에게 인사 다니랴, 연이은 집들이에 진급을 앞두고 주말에 학원도 다니고 있어서 생각도 못 하고 있었던 것이다. 항공사에 서류를 내기 위한 용도로 혼인 신고를 하고 나서야 남편과 나는 드디어 법적으로 부부가 되었다.

마일리지가 합산된 이후 여행 지역을 동남아권으로 확대할 수 있었는데 방콕, 사이판, 호찌민, 씨엠립 등 내가 갔던 곳을 제외하자 마음에 내키는 곳이 없었다. 예전부터 커플이 되면 보라카이Boracay로 여행을 가고 싶었는데 직항 노선이 없다니……. 어쩔 수 없이 아시아나 마일리지로 마닐라행 항공권을 구매하고 보라카이로 가는 국내선 항공권을 별도로 구매하기로 했다.

보라카이로 가는 여정은 생각보다 복잡했다. 마닐라로 가서 국내선 비행기로 갈아타고 까띠끌란Caticlan에 도착 후 다시 배를 타야 보라카이 섬에 도착할 수 있었다. 배를 타기 전과 배에서 내린 후에도 트라이시클Tricycle로 이동해야 했는데 그것이 피곤했던지 남편은 숙소에 도착하자마자 침대 위로 쓰러져 버렸다. 나의 로망은 남편과 함께 세계 일주하는 것이었는데 탐험과 모험 없이 휴양만 하는 동남아조차 힘들어하다니 안쓰러운 마음과 답답한 마음이 함께 들었다. 내 욕심

>>> 낮에 본 화이트 비치

>>> 호핑투어에 포함된 낚시. 방카를 타고 배 안에서 낚시를 한다.

을 비우고 이번 여행은 오로지 휴양만 하기로 마음먹었다.

내가 예약한 호텔 시설은 좀 낡았지만, 조용하고 또 화이트 비치와 바로 연결된 것이 큰 장점이었다. 호텔에서 몇 발자국만 걸어나가면 밀가루처럼 고운 모래사장과 바다가 펼쳐졌다. 세계 3대 해변 중 최고로 꼽히는 화이트 비치였기 때문에 선베드에 누워만 있어도 마냥 좋았다.

보라카이에서는 관광 거리는 없었고 오로지 화이트 비치에서 즐기는 해양 스포츠만 있을 뿐이었다. 추천 코스대로 호핑 투어와 스쿠버다이빙을 하루에 하나씩 즐겼다. 호핑 투어는 필리핀의 전통 배 '방카'를 타고 바다 한가운데서 낚시와 스노클링을 하는 것이었다. 바다 낚시는 사이판에 이어 두 번째지만, 여전히 어려웠다. 몇 번을 헛스윙하고 나서야 눈먼 고기가 잡히기 시작했다. 드디어 성공하자 낚시에 재미를 붙였고, 남편이 두 마리, 내가 한 마리를 잡을 수 있었다. 낚시가 끝난 후 고기를 다시 바다로 돌려보냈는데, 고기를 놓아줄 땐 '아, 사이판에서는 이 물고기로 회를 떠줬는데……' 하는 생각에 잠시 입맛을 다시기도 했다. 대신 현지인 헬퍼가 망고를 예쁘게 깎아서 간식으로 주었기 때문에 그것으로 아쉬움을 달랬다.

낚시를 끝낸 후 그 자리에서 바로 구명조끼를 입고 바다로 뛰어들어 스노클링을 했다. 나는 몇 년 동안 수영을 해 와서 해양 스포츠에 자신이 있었지만, 8월 말의 보라카이는 우기여서 파도와 바람이 강했다. 파도 때문에 내가 가려는 방향으로 움직이기가 쉽지 않음을 느낀 후로 바다 한가운데서 스노클링을 하는 것이 겁났다. 잠수를 하거나 방카에서 멀리 나가는 행동은 자제하고 얌전히 바닷속 물고기를 관찰했다.

이 패키지 프로그램에는 점심 식사도 포함되어 우리가 낚시와 스노클링을 마치자 야외 식당으로 안내되었다. 기다란 상에 새우, 게, 돼지고기 바비큐, 밥, 김치, 과일과 산 미구엘 맥주까지 그야말로 진수성찬이 차려져 있었다. 물놀이 이후 허기져 있어서 그 상차림을 보자 전투적으로 달려들어 말도 없이 삼키듯 조용히 먹어치웠다. 게 껍데기는 돌처럼 딱딱하여 나무망치를 이용해서 부셔야 했는데 그 덕분에 우리의 식사 속도를 조절할 수 있었다. 식사로 일정이 마무리되자 만족스러운 표정으로 숙소에 돌아왔다.

다음 날은 스쿠버다이빙을 했다. 여행의 좋은 점은 한국에서는 장비 대여비와 강습 비용이 비싸서 쉽게 시도할 수 없는 스포츠를 현지에서는 누구나 부담 없이 즐길 수 있다는 것이다. 스쿠버다이빙에 좀 더 욕심을 내면 여행 기간에 자격증을 취득할 수 있으나 남편의 상태를 고려하여 체험 코스로 선택했다.

다이빙 체험을 할 사람들이 샵에 모여서 필요한 수칙에 대한 설명을 간단히 듣고 슈트로 갈아입었다. 내가 옷을 갈아입고 나오자 다이빙을 도와줄 현지인이 내 배를 가리키며 "Baby, no, no diving"이라고 하는 것이다. 아침 식사를 한 지 얼마 되지 않아 배가 나온 것일 뿐인데 임산부로 착각하다니 완전 굴욕이었다. 남편이 옆에서 "No baby, just breakfast"라고 말해 현지인을 안심시키고 난 후 나보고는 살을 빼라고 살짝 구박하였다. 이 억울함이란…….

'너희가 변비의 고통을 알아!'

배를 타고 바다로 나가서 산소통을 둘러메고 뒤로 벌렁 누워 바닷물로 들어가자 자연스럽게 수심 5m의 해저 밑바닥까지 내려올 수 있었다. 스노클링으로 표면에서 보던 바다와는 또 다른 세계가 펼쳐졌다. 산호와 다양한 물고기들이 내 옆을 스쳐 지나가자 내가 한 마리 인어가 된 듯했다. 바닷속에서는 걷기조차 쉽지 않았지만, 뒤에서 잡아주는 전문가들 덕분에 한결 편했다. 사진을 찍을 때면 빵가루를 뿌려

고기를 불러주는 센스도 발휘했다.

보라카이에서 추천 해양 스포츠는 대부분 해보았지만, 유일하게 시도하지 못한 것이 선셋 세일링sunset sailing이었다. 보트에서 산 미구엘 맥주를 마시며 석양을 바라보면 그렇게 황홀할 수 없다며 모든 사람이 강력하게 추천했지만, 강한 바람과 높은 파도 때문에 도저히 배가 뜰 수 없는 상황이었다. 보라카이에 머무르는 3일 동안 매일 여행사를 찾았지만, 모두 배를 띄울 수 없다고 했다. 위험한 상황을 무릅쓰고 시도할 수 없었기에 포기하고 말았다. 다음으로 미룬 기회는 언제 또 다시 내게 찾아올까……. 지금까지 아쉬움이 남는다.

결혼 전과 결혼 후의 여행을 비교해본다면 결혼하고 나서 안전에 더욱 신경 쓴다는 것과 신랑과 '함께'할 수 있는 것을 우선하게 된다는 것이다. 여행할 때 아직은 내가 포기한다고 생각하는 부분이 먼저 떠올라 아쉬움이 남지만, 조금 더 시간이 지나면 만족감으로 채워질 그날을 기대해본다.

>>> 스킨스쿠버 다이빙

TRIP 9

나에게 있어 여행이란

01 대학생일 때 떠나야 하는 이유

인생을 두고 보았을 때 대학 시절은 의무가 적었지만, 누릴 수 있는 권리는 가장 많은 시기이다. 우리나라의 교육 현실상 중·고등학교 때는 입시를 위한 공부만 강요되어 실제로 몸으로 느끼는 경험을 하기가 쉽지 않지만, 대학생이라면 가능하다. 모든 경험이 살아가는 데 큰 자양분이 되지만 그중에서 여행, 특히 해외여행은 꼭 권하고 싶다.

나에게 여행만큼 공부에 대한 동기를 유발한 것도 없었다. 일단 외국어. 식당에서 음식을 주문하고, 숙소를 예약하고, 환불을 요청하는 등 여행에서 발생하는 일상적인 일들이 교재나 교실 안에서 배웠던 영어를 살아 숨 쉬게 하였다. 파충류reptile와 같이 시험 지문에서만 보던 단어가 박물관에 갔을 때 실제로 많이 사용되고 있음을 느끼면 어휘 공부를 좀 더 해야겠다는 자극이 생긴다. 짧은 시간이지만 함께 여행한 친구들과 메일, SNS 주소를 교환해 한국에 와서도 계속 연락을 하면 그것 역시 지속적인 공부로 연결되었다.

내가 한국인이라고 국적을 밝혔을 때 현지인들이 했던 질문들 - "인구가 몇 명인지?", "왜 남한과 북한이 서로 왕래할 수 없는지?"- 에 쉽게 답이 나오지 않는 경우가 많았다. 너무나 당연하고 익숙하여 생각할 필요조차 없었던 사실에 대해 배경지식이 전혀 없는 사람에게 알려주기란 생각보다 쉬운 일이 아니었다. 그래서 가장 좋은 배움은 가르침이라고 했던가. 그러한 일들을 겪으면서 좀 더 책을 들여다보게 되고 우리 것들에 대해 관심을 가지는 계기가 되기도 했다.

나를 낯설게 하는 것만큼 진정한 나를 발견하기 좋은 기회도 없다. 평소에 겪을 수 없는 극단적인 상황에 내몰렸을 때 내면의 자신이 드러나는 것이다. 내가 거친 잠자리며, 잘 씻지 못하는 상황, 육체적으로 피로한 것은 크게 문제 삼지 않지만, 먹는 것에 대해서는 유독 민감하다는 것을 여행 전에는 알지 못했던 것이었다. 낯선 곳에서 눈을 뜨고, 익숙지 않은 음식을 먹으며, 내 또래는, 현지 사람들은 어떤 생각을 가지고 어떤 모습으로 살아가는지 겪어보는 것은 견문을 넓혀주기도 하고 세상을 바라보는 새로운 시각을 갖게 해준다.

직장생활을 해보면, 회사가 해외 경험이 있는 사람을 우대하는 이유를 어느 정도 알 것 같다. 우리 회사에도 해외 인력이 많은데 특히 인도 엔지니어는 쉽게 볼 수 있다. 그들이 손으로 밥을 먹는 모습을 '비위생적이다'라고 치부해버리고, 같은 엘리베이터를 탈 때 독특한 카레 냄새가 난다고 고개를 돌리거나 같은 승용차를 타기 싫다고 거부한다면? 서로의 다른 모습을 이해하고 받아들이지 못하는데 커뮤니케이션은 고사하고 업무가 제대로 될 리 없을 거다. 물론 예민하거나 까다로운 성향의 사람이 있고, 고정관념에서 벗어나지 못하는 사람이 있을 수도 있다. 하지만 대체로 사람은 경험에 비례하여 나와 다른 남을 받아들일 수 있는 포용력이 향상되는 것 같다.

몇 달 전, 한창 취업 시즌일 때 황당한 기사를 본 적이 있다. 바로 히

말라야 등정 '인증 샷'을 찍어주는 대행업체가 있다는 것. 출발해서 사진을 받기까지 일주일도 채 걸리지 않는다며 자기소개서에 좋은 소재거리가 된다는 것이다. 누구는 평생의 꿈으로 생각해서 몇 달 아니 몇 년을 준비하는 사람도 있는데 노력과 정성 없이 그렇게 간단히 기념사진을 남길 수 있다는 것에, 또 워낙 취업이 힘들어 경험까지 돈으로 사는 세상이 되었음에 마음 한 편이 씁쓸해졌다. 그렇게 '눈 가리고 아웅'하는 식의 껍데기만 있는 경험은 면접에서 질문 몇 개만 받으면 금방 들통 나게 마련이다. 단순히 취업을 위한 스펙을 쌓기 위해서라던가, 남들이 다 가니까 따라가는 식의 여행은 반대한다. 충분한 준비가 수반되지 않으면 해외여행은 외화 낭비, 시간 낭비에 불과하다.

대학생이면 방학이라는 시간적 여유가 있지만, 금전적인 여유가 없는 것이 사실인데, 방법을 찾으면 그렇게 비용을 많이 들이지 않고도 여행할 기회는 얼마든지 있다. 나는 방법을 몰랐기 때문에 일하면서 모은 돈으로 여행을 떠났지만, 해외에서 만나게 된 한국 대학생들은 다양한 방법으로 여행하고 있었다.

먼저 종교를 가지고 있다면 교회에서 주관하는 비전 트립, 단기 선교, 해외 봉사 활동이 있다. 주로 가까운 동남아 지역으로 떠나는데 비행기 티켓 정도의 참가비만 지불하면 숙식 모두 해결할 수 있다.

해비타트habitat를 통해 해외에 집을 지어주는 봉사 활동, 코이카koica를 통해 해외 어린이들에게 컴퓨터나 태권도를 가르쳐주는 봉사 활동도 있다. 이런 활동은 2년 정도 장기간의 파견 기간을 요구하기도 한다.

위에서 언급한 두 건은 봉사활동 기간 이후 여행할 기회가 주어지지만 우리의 도움이 필요한 지역으로 가는 만큼 개발도상국인 경우가 많다. 조금 더 선진국에서 배움의 기회까지 노린다면, 학교에서 하는 해외 자매학교와의 교환학생 프로그램에 참여하여 학점도 따고 여행할 기회를 잡을 수도 있다. 대기업에서 모집하는 대학생 기자단, 서포터즈, 해외통신원에 선발되면 활동비와 취재비를 지원받을 수 있으며 향후 입사 시 가점으로 작용한다는 장점이 있다. 돈도 벌면서 여행하고 싶다면 워킹 홀리데이를 노리는 것도 방법이다.

우리나라가 한창 발전하는 시기에는 대학을 졸업하기도 전에 취업이 결정되었다. 나 역시 본인이 충실히 학교생활을 하면 즐겁게 졸업을 맞이할 수 있는 시기에 학창시절을 보냈다. 그래서 입학할 때부터 취업대란에 시달리는 지금의 대학생들이 안쓰럽게 느껴지기도 한다. 하지만 아프고 힘들어도 책상 앞에서 끙끙거리고 고민하는 것이 아니라 길 위에서 직접 몸으로 부딪히고 느껴봤으면 한다. 헤매는 자가 모두 길을 잃는 것은 아니며, 그 과정에서 무언가를 발견할 수 있을 것이다.

바보는 방황하고, 현명한 사람은 여행한다.
The fool wanders, a wise man travels.

- Thomas Fuller -

여행하지 않는 사람들에게 이 세상은 한 페이지만 읽은 책과 같다.
The world is a book and those who do not travel read only none page.

- St.Augustine -

02 싱글 직장인, 거침없이 자유로울 시기

학교를 졸업하고 사회로 진출했을 때 피부로 와 닿았던 가장 큰 차이점은 1월 1일이 그냥 연휴라는 것이었다. 학생일 때는 학기도 끝이 나고 한창 방학이기 때문에 나 스스로 한 학년, 한 해를 마무리하고 내년을 준비하는 심리적, 시간적 여유가 있었는데, 직장인이 되자 하루 쉬고 출근하는 것이 전부였다. 12월 31일 퇴근 후 친구들과 술 한 잔 마시고 눈을 떴는데, 해가 이미 중천에 있었던 적, 작업하느라 사무실에서 새해를 맞이한 적도 있었다. 종무식, 시무식이 있지만 사내 방송으로 대체하는 경우가 많아 해가 바뀌었다는 것이 크게 다가오지 않았다. 오히려 현실을 잠시 떠나 낯선 여행지에서 아침을 맞이할 때가 지난 1년을 되돌아보며 한 해를 정리할 수 있는 계기가 된 것이다.

학창 시절의 목표는 빨리 어른이 되어서 경제적으로 독립하고 집을 떠나는 것이었다. 방황하기에는 내 목표가 분명했고 또래들이 어리게 느껴지기도 한 탓에 사춘기를 거의 겪지 않았다. 하지만 취업을 하고 난 후 예상치 못한 '직장인 오춘기'가 찾아왔다. 여전히 나아지지 않는 집안 상황, 내가 하는 일이 내 적성에 맞는지에 대한 의구심, 여기보다 좀 더 나은 곳이 없을까 하는 기웃거림, 미래에 대한 불확실함 등

등이 복합적으로 작용해서 꽤 힘든 나날을 보냈다. 3년 차 즈음 되면 과감하게 회사를 그만두고 새롭게 공부를 시작하거나 이직하는 동기들이 하나둘씩 생겨나는데, 그렇게 제 갈 길을 찾아가는 친구들을 보면 부러움이 더해갔다. 자기 앞가림만 하면 되는 그들과 가족에 대한 지원을 끊을 수 없는 나와의 간극은 꽤 컸다. 이러지도 저러지도 못한 상황에서 내 마음을 위로한 건 여행이었다.

금전과 시간상으로 약간의 여유가 생기면 무조건 항공권 검색부터 했다. 여행 기간을 짧게 3박 4일 또는 4박 5일로 잡으면 1년에 두 번씩 떠나기도 했고, 휴가 기간에는 9박 10일의 여행도 가능했다. 나는 벗어나고 싶은 마음에 출장의 기회가 있으면 적극적으로 지원했다. 해외에 있는 짧은 기간에 모든 연락을 끊고 내가 하고 싶은 것, 내가 먹고 싶은 것, 내가 했을 때 즐거운 것, 한 마디로 나의 욕망에만 집중하는 시간을 보냈다. 그러자 막연했던 것들이 조금씩 분명하게 다가왔다.

그렇게 방문한 나라의 수가 10개국이 넘어가고, 특히 일반인이 쉽게 생각하기 힘든 이스라엘이나 아프리카까지 갔다 오자 그것을 부러워하거나 자랑스러워하는 친구들이 생겨났다. 나는 굳이 치열하게 떠나지 않아도 되는 그녀들의 편안한 환경이 부러웠는데, 참으로 아이러니한 사실이었다! 내가 좀 더 지혜로웠다면 스스로 깨달을 수 있었겠지만, 내가 가진 것에 대한 소중함을 다른 사람을 통해서 조금씩 느끼게 되었다.

계기야 어쨌든 더 이상 바닥으로 치달을 수 없다고 생각했던 나에게도 조커가 한 장 있다는 것을 알게 되자 이것만큼은 포기하고 싶지 않았다. 회사를 그만두고 세계 일주를 하거나, 해외 유학을 떠나는 친구들이 부러웠지만, 나에게는 가능성이 희박한 일에 더 이상 욕심내지 않기로 했다. 계속 돈을 벌어야 했던 나는 조금 더 버티면서 나에게 맞는 방법을 찾아보자며 스스로 다독였다.

이런저런 방법으로 다양하게 시도를 했다. 일에 대한 고민은 업무에 대한 적성 검사도 해보고, 인사 담당자와 면담도 하고, 이직한 사람과 부서를 옮긴 사람에게 경험담을 들어보면서 단순한 불만인지 적성에 안 맞는 것인지 점검해 보았다. 또한, 10년 이상 차이 나는 직장 선배에게 조언을 구하기도 했다(그 사이 다른 회사에 이력서도 많이 썼는데, 서류조차 통과하지 못한 것을 확인하면서 '아, 나를 받아주는 곳은 여기밖에 없나 보다' 하고 받아들이는 계기가 되기도 했다).

누가 그랬다. 버티는 것도 실력이라고. 나는 상황에 의해 버텼을 뿐인데, 주변 상황이 많이 바뀌었다. 글로벌 경제 위기가 찾아오면서 해외로 유학을 떠났던 사람들이 원래 회사로 재취업하는 케이스가 많아진 것이다. 내 마음속으로는 해외 유학을 떠난 사람들이 동화에 나오듯 "왕자와 공주는 그 후로 오랫동안 행복하게 살았습니다"와 같이 한국에 돌아오지 않고 그 나라에서 오랫동안 살기를 기대하면서 환상을 키웠을지도 모른다. 그들이 다시 동료가 되자 부러운 마음이 점차 잦아들었다.

그 사이 우리나라의 위상이 많이 달라진 것도 큰 역할을 했다. 내가 대학 시절 우리나라의 기술, 경제 수준이 선진국과 비교하면 한참 뒤처지고 배울 것이 많다고 생각했지만, 10여 년 사이 많이 발전한 것이다. 그러한 점들이 내가 있는 자리의 만족도를 높여주기도 했다.

때론 과감하게 선택하지 않음이 옳은 선택일 수도 있다. 나는 앉은 자리에서 엎드려 견딜 수밖에 없었지만 최선의 선택이었다고 생각한다. 물론 진정 가슴이 시키는 일이 있다면 그것을 따르는 것이 맞다. 하지만 모든 것을 버리고 떠나는 것이 현실에 대한 불만족이나, 막연한 동경과 환상에 의한 결정은 아니어야 한다. 파랑새는 결국 집 앞마당 새장에 있으므로.

03 정착과 방랑, 결혼과 여행

결혼한 이후 여행은 생각보다 녹록지 않다. 일단 배우자와의 여행 스타일이 맞아야 하고, 눈치 주는 곳은 없는데 스스로 눈치를 보게 되는 양가 부모님과의 관계도 있고, 또 아이가 있으면 어느 정도 자랄 때까지 활동에 제약이 있기도 한다. 하지만 그 모든 것을 잘 조화시킨다면 전혀 불가능한 것만은 아니다.

결혼 초기 신랑과 함께 여행할 때는 약간의 불만이 있었다. 사랑하는 사람과 세계 일주하는 것이 나의 로망이었는데, 신랑은 비행기에서 내릴 때부터 피곤을 느끼는 사람이었다. 귀찮아하는 것이면 뭐라고 말이라도 해보겠는데 피곤해하니까 어떻게 할 방법이 없었다. 밖으로 나가 길거리 산책이며 재래시장 구경, 유적지 탐방 등등 하고 싶은 것이 많았지만, 숙소에서 보낸 시간이 더 많을 때도 있었다.

게다가 남편은 짧은 여행 기간에도 한식을 먹고 싶어 했다. 현지의 유명한 음식보다 비싸면서도 한국보다 맛없는 떡볶이며 된장찌개를 먹는 모습을 볼 때면 마음속으로 참을 인忍을 여러 번 새겨야 했다. '여행궁합이라는 것도 있구나'하고 생각할 정도였다. 하지만 시간이 흐르면서 여행 역시 결국 결혼 생활의 연장이라는 것을 깨달았다.

우리가 결혼에 대해 흔히 가지고 있는 환상은 배우자가 나의 모든 것을 이해해줄 수 있고, 모든 취향과 생각이 일치하는 완벽한 짝이라는 것이다. 꿈과 같은 결혼식과 신혼여행이 끝나면 다시 일상으로 돌아오기 마련이고, 작은 생활습관의 차이에서 다툼이 시작된다. 치약을 중간에서 짜는지 끝에서 짜는지, 화장실 변기 뚜껑을 올리는지 내리는지 그런 사소한 것으로 싸운다. 일상에서 이런 것들도 아직 맞춰나가지 않았는데 완전히 낯선 환경이 연속되는 여행에서 내 배우자가 나와 같기를 바라는 것은 성급한 욕심이었던 것이다.

싱글일 때나 결혼 초기에는 내가 경험해 보고 싶은 것, 내가 먹고 싶은 것이 우선이었다. 하지만 조금씩 상대를 배려하게 되고, 나의 고집을 내려놓을 수 있었다. 함께하는 시간의 소중함에 가치를 두면 나머지 것들은 큰 문제가 되지 않았다.

서로에 대한 이해의 폭이 넓어지자 신랑은 처음에 받아들이기 어려웠던 나의 여행 의미도 공감해 주었다. '여행보다 더 훌륭한 마음의 치료 약은 없다'며 간절히 여행을 원했던 시기에 나 혼자 떠날 수 있도록 이해해 주기도 했다.

배우자와 함께하는 여행이 최고이기는 하지만, 결혼 이후에도 의외로 혼자 떠나거나 아이만 데리고 여행하는 분들이 많다. 남아공에서 만났던 나오에도 그랬고, 제주올레 서명숙 이사장 역시 혼자 여행을 떠났다. 이분들은 중년인 데다 자녀들이 모두 장성해서 가족을 신경 쓰지 않고 가볍게 떠났을 수도 있다. 나와 연배 차이가 크지 않는 여행 작가 오소희는 어린 아들과 단둘이 여행한다(나는 처음에 이 분이 이혼하신 줄 알았다). 이런 분들의 이야기는 대부분의 여성 여행 작가

들이 싱글인 점에서 꽤 신선한 충격으로 다가왔다.

꼭 유명 여행 작가를 예로 들지 않더라도 육아 휴직이 끝나 복직하기 직전 아이를 맡기고 혼자 여행을 가거나 아이와 함께 여행하는 엄마도 있고, 남편이 바빠 함께할 수 없을 때 결국 남편을 버리고(?) 계획대로 아이와 여행을 떠나는 엄마들을 주변에서 종종 볼 수 있다. 엄마들뿐만 아니다. 최근 아빠와 함께 여행하는 예능의 영향으로 엄마 없이 아이와 함께 여행하는 아빠들도 늘고 있다. 또한, 서로에게 1주일씩 홀로 여행을 허하는 '쿨'한 부부도 많다. 육아는 아직 겪어보지 못한 미지의 영역이기에 '나는 이렇다'라고 자신 있게 말하기는 힘들지만, 남편이 여행하고 싶어 한다면 기꺼이 보내주고 싶다. 물론 아이와 함께한다면 더욱 환영할 것이다.

많은 여성이 결혼은 여자에게 많은 희생을 요구하고 남자보다 여자에게 더 손해라는 생각을 한다. 나 역시 그랬다. 특히 여행에 대해서는 더욱 민감해서 가고 싶은 곳이 이만큼이나 많은데 누구의 눈치를 보면서 가지 못하게 된다면 너무 억울할 것만 같았다. 하지만 그것들이 쓸데없는 기우에 불과했다. 지금은 자신 있게 말할 수 있다. 정착과 유랑의 대명사라고 할 수 있는 결혼과 여행은 얼마든지 양립 가능하다는 것을.

Tips ▸▸

안전한 여행을 위한 팁

최근 인도를 여행하던 여대생이 성폭행을 당했다는 뉴스를 심심찮게 볼 수 있다. 나 역시 홀로 여행을 다녔던 사람으로서 그런 소식을 들을 때마다 안타까운 마음을 금할 수 없다. 다행히 나는 지금껏 여행하면서 아무런 사건, 사고를 겪지 않았고 오히려 친절하고 선한 사람을 많이 만났다. 그분들로 인해 즐거운 여행을 하였지만, 지금 와서 지난 10여 년의 여행을 돌이켜 보면 나 역시 아찔했던 순간이 떠오르기도 한다. 안전한 여행을 위한 나만의 몇 가지 팁을 공유하고자 한다.

❶ 노출 자제

해외여행은 한국에서 다른 사람 눈치 때문에 입지 못했던 옷을 과감하게 입을 수 있는 좋은 기회이다. 나 역시 사놓고 한 번도 입지 못했던 레깅스나 탑, 핫팬츠 등 죽어 있던 옷에 생명을 불어넣어 주었다.

하지만 아직도 여자의 과감한 옷차림을 나에게 접근해도 된다는 메시지로 받아들이는 남자들이 있다. 특히나 아랍 국가 방문 시 치근거리는 남자가 많은데 동양여자와 잠을 자면 한 해 운수가 좋다는 속설이 있다고 한다. 방심하는 사이 몸을 더듬으려고 하거나 가방을 잡고 놓아주지 않으면서 수작을 부리는 사람도 있다.

옷차림으로 나의 개성을 살리되 그것으로 인해 내가 곤란해지는 일은 없도록 하자.

❷ 상황에 맞는 적절한 옷차림

사원, 극장, 레스토랑 등 특정 장소에서는 드레스 코드가 있어 반바지와 샌들, 운동화 차림으로는 입장을 하지 못하는 경우가 있다. 사전에 조사하는 것도 필요하지만 구김이 잘 생기지 않는 원피스나 단화를 준비한다면 부피도 적게 차지하면서 유용하게 활용할 수 있을 것이다.

◇◇◇

Tips ▶▶

안전한 여행을 위한 팁

❸ 안전을 최우선으로

나는 여행상품 선택 시 가격이 가장 중요한 조건이어서 항상 저렴한 가격순으로 검색을 했다. 하지만 동남아에서 해양스포츠를 한다면 가격보다는 안전에 우선순위를 두라고 말하고 싶다. 해변을 걷다 보면 한국말로 낙하산, 돛단배, 스쿠버다이빙을 외치면서 저렴한 가격으로 해주겠다는 잡상인들을 쉽게 만날 수 있다. 운이 좋지 않으면 나쁜 사람들을 만나서 외딴 섬으로 납치를 당하거나 돈을 뺏길 수도 있고, 검증된 업체가 아닌 경우 안전도 보장받기 힘들다. 계약서가 있는지 보험은 가입되어 있는지 사고가 났을 때 어떻게 처리하는지 확인하도록 하자.

또한, 낯선 사람이 권하는 음료수는 조심할 필요가 있다. 일부 사람 중에는 음료에 약을 타서 정신을 잃게 하는 경우도 있으니 음료병이나 캔의 뚜껑이 열려있거나 컵에 담겨 있다면 주의를 기울이자.

또한, 책자나 여행 카페에서 위험 지역으로 분류했는데도 나는 괜찮겠지, 라는 생각으로 스릴을 느끼며 모험하는 사람들도 있다. 여자이기 때문에 더 위험할 수 있다는 것을 잊지 말자. 안전은 아무리 강조해도 결코 지나치지 않는다.

❹ SNS 활용

가족이나 친구들에게 본인의 연락처와 행선지를 알리도록 하자. 무료로 와이파이를 쓸 수 있는 곳도 많아서 메신저로도 쉽게 연락을 취할 수 있다. 추억을 남기는 용도뿐 아니라 만약의 경우를 대비하여 도움을 받거나 마지막 행선지를 추적할 수 있도록 메신저와 블로그를 활용하도록 하자.

◇◇◇

에/필/로/그

여행은 산소다.

그러나 100% 산소만으로는 호흡할 수 없다.

내가 즐겨보는 예능 프로그램은 「라디오 스타」이다. 짓궂은 MC들의 돌직구성 질문과 멘트가 재미있기도 하고 게스트가 당황하는 모습에서 왠지 모를 카타르시스가 느껴지기 때문이다. 하지만 내가 이 프로그램을 좋아하는 진짜 이유는 마지막에 던지는 한 마디 질문 때문이다. "나에게 있어 ○○이란?", "○○을 한마디로 한다면?" 이 질문 하나에 출연 게스트의 인생 경험과 가치관이 하나로 응축된다. 프로그램을 다 보고 나면 나 역시 스스로 질문을 해 본다.

"나에게 있어 여행이란?"

내게 여행은 산소다. 숨 쉬게 해주기 때문이다. 참고 견뎌야 하는 현실은 수영에 서툰 사람이 아무런 장비 없이 잠수하듯 때론 물고문처럼 느껴진다. 온몸의 공기가 말라붙어 가슴이 터질 듯 답답해져 오고, 더 이상 못 견디겠다 싶을 때 고개만이라도 수면 위로 들 수 있다면

311

내 주변에 늘 존재하던 산소의 존재가 특별해진다. 1분도 안 되는 시간이지만 숨 한 번 들이쉬면 다시 물속으로 들어갔을 때 어느 정도 잠수를 참을 수 있다. 그 과정을 반복하다 보면 조금씩 폐활량이 커져서 꽤 오랜 시간을 고통스럽지 않게 물속에서 지낼 수 있다.

돌이켜보면 나는 인생의 고비라고 느꼈던 시기마다 세계지도를 보며 상상의 나래를 펼쳤고, 비행기 티켓을 붙들며 버텼다. 여행은 마법과도 같아서 비행기가 이륙하고 점점 고도가 높아질수록 내 어깨 위에 올려진 무거운 짐들이 한둘씩 지상으로 떨어지는 것과 같았다. 여행지에 도착하는 순간 나는 남들과 다를 바 없는 한 명의 여행자가 될 수 있었다. 학자금 대출을 갚을 수 있을까 고민하는 대학생이 아니라 그냥 대학생이었고, 명절에 혼자 여행하는 사연 많은 유부녀가 아닌 그냥 1인 여행자였다. 돈이 없어 3일 내내 바게트로만 연명하여 입안이 다 헐고, 버스 디포에서 노숙을 할지언정 여행지에서만큼은 비참하지도 고통스럽지도 않았다. 오히려 웃으면서 이야기할 수 있고 때로는 친구나 후배들에게 모험담처럼 들려줄 수 있는 추억거리가 되었다. 비록 현실의 문제는 하나도 해결되지 않았지만, 여행을 통해서 현실이 조금씩 아름답게 채색되어 갔다.

그래서 여행 에세이는 내가 즐겨 읽던 책 중의 하나였다. 나의 상상을 좀 더 구체적으로 그려갈 수 있도록 도와주었기 때문이다. 대학 시절에는 한비야의 책을 읽으며 여행에 대한 꿈을 키웠지만, 그때는 막연한 상상이었다. 이제 겨우 처음 여권을 만들어본 나와 이름조차 생소한 나라들을 종횡무진 누볐던 그녀와의 경험 차이는 20년에 가까운

나이 차이만큼이나 컸던 탓이다.

직장인이 되면서 출장과 여행으로 몇 번이나 여권을 발급받고 거기에 수많은 출입국 도장이 찍히며 국내에서의 생활보다 해외에서의 생활이 더 좋아질 때쯤, 아나운서였던 손미나가 여행 작가로 변신했다. 그녀의 브랜드파워는 꽤 컸기 때문에 많은 여성에게 영향을 주었고, 나 역시 커리어와 미래에 대한 고민을 심각하게 했다.

'다 버리고 떠나고 싶다.'

'새로운 인생을 살고 싶다.'

'나는 왜 결정을 못 하는 것일까. 직장이라는 테두리에 안주하는 걸까. 용기가 없는 걸까.'

사직서를 내고 한국 생활을 모두 정리하고 머나먼 곳으로 훌연히 떠나는 상상만으로도 가슴이 두근거렸지만, 그녀처럼 버리기 아까울 만큼 커리어가 쌓인 것이 아님에도 나는 지금 생활을 쉽게 접을 수가 없었다. 그래서 내가 때론 모험과 도전보다 현실에 안주하기를 바라는, 용기없고 비겁하고 나태한 사람처럼 느껴지기도 했다. 하지만 내 고민의 끝에는 항상 가족이 있었다. 나 혼자라면 어디서든 어떻게 해서든 살아갈 수 있겠지만, 그러한 선택을 했을 때 더 이상 가족을 도와줄 수 없기 때문이다.

내 가슴의 두근거림을 따라가기 위해서 '당신의 딸은 예전에 죽은 걸로 생각하라'고 말을 던질 만큼의 독한 마음과 가족과 연락을 끊을 만큼의 비장함이 필요했다. 생각이 그 지점에까지 이르면 나는 더 이상 앞으로 나아가지 못했다.

그러한 내면의 갈등을 좀 더 먼 곳으로, 좀 더 생소한 곳으로 여행을 떠나는 것으로, 그리고 블로그에 여행기와 사진을 정리하는 것으로 잠재웠다. 이름도 얼굴도 모르는 사람들이 블로그를 통해 여행 정보를 묻거나 나보다 어린 친구들이 글을 보고 가슴이 설레었다는 글을 방명록에 남기면 왠지 모를 뿌듯함이 느껴졌다. 여성전문포털에서 원고료를 받고 글을 기고하는 파워 블로거 활동 제안을 받았을 때는 '더 늦기 전에 결정을 내려야겠다. 이때를 놓치면 더 이상 기회는 없을지도 모른다'는 생각을 했다.

그때, 지금의 신랑을 만났다. 그의 프러포즈 하나로 나의 고민은 순식간에 사라졌다. 못 견딜 만큼 떠나고 싶은 욕구는 정착하고 싶은 욕구의 다른 이름인지도 모른다. 그렇게 가정을 꾸렸고, 사내 커플로서 직장 생활도 새롭게 시작되었다. 결혼 이후로도 혼자 한 여행, 신랑과의 여행, 가족 여행 등 적지 않은 여행을 했다.

지금 돌이켜 생각해보면 나는 용기가 없어서, 과감하지 못해서 다 버리고 떠나지 못한 것이 아니라 내가 있는 자리에서 지켜야 하는 더 소중한 것이 있었던 거다. 때론 원망스럽기도 했지만 나를 이 세상에 있게 해준 가족을 사랑해서였고, 힘든 순간 사직서를 가슴에 품기도 했지만 내던지지 못했던 것은 내가 하는 일과 회사를 사랑하는 마음이 있어서였다. 스치듯 만난 인연이 많지만, 지금의 신랑을 만났기 때문에 아옹다옹 토닥거리고 또 화해하면서 살아가는 것이다. 물론 그 모든 것을 버리고 떠났다면 나는 다른 삶 - 안나푸르나를 등반하거나, 라오스에서 게스트하우스를 운영하거나 - 을 살고 있겠지만 지금 소중한 것들과 함께하기에 후회는 없다.

우리가 생존하기 위해서는 산소가 꼭 필요하지만, 공기 중에서 산소가 차지하는 비중은 21%라고 한다. 100% 순수 산소가 있는 환경은 어떨까? 순수 산소는 폐 조직을 손상시킬 만큼 독성을 가지고 있다고 한다. 내게 여행이 산소인 이유도 마찬가지이다. 공기 중에서 자신의 비중을 유지하며 질소, 이산화탄소 등과 섞인 산소가 가치 있듯이 다른 삶의 요소들과 조화롭게 어울린 여행이 내겐 더 소중하다. 공기 중의 산소 농도는 단 1%만 높아져도 몸과 마음이 상쾌해지며 활력이 생긴다. 도심을 벗어나 교외로 나가기만 해도 공기가 다른 것처럼, 인생에서 약간의 산소 농도만 높일 수 있다면 좀 더 활기찬 삶을 살아갈 수 있을 것이다. 선택은 각자의 몫이다.

버리지 않고 떠나기

직장인이 즐기는 현실적인 세계여행

초판 1쇄 발행일 2014년 04월 14일

지은이 김희영
펴낸이 박영희
편집 배정옥·유태선
디자인 김미령·박희경
인쇄·제본 에이피프린팅
펴낸곳 도서출판 어문학사
서울특별시 도봉구 쌍문동 523-21 나너울 카운티 1층
대표전화: 02-998-0094/편집부1: 02-998-2267, 편집부2: 02-998-2269
홈페이지: www.amhbook.com
트위터: @with_amhbook
블로그: 네이버 http://blog.naver.com/amhbook
다음 http://blog.daum.net/amhbook
e-mail: am@amhbook.com
등록: 2004년 4월 6일 제7-276호

ISBN 978-89-6184-330-0 03980
정가 16,000원

이 도서의 국립중앙도서관 출판시도서목록(CIP)은 e-CIP홈페이지(http://www.nl.go.kr/ecip)와
국가자료공동목록시스템(http://www.nl.go.kr/kolisnet)에서 이용하실 수 있습니다.
(CIP제어번호: CIP2014008920)